Mala Agarwal
Kanchan Kumari

OS ALPINISTAS MARAVILHOSOS

Mala Agarwal
Kanchan Kumari

OS ALPINISTAS MARAVILHOSOS

Plantas medicinais: Tinospora cordifolia Miers. e Glycyrrhiza glabra Linn.

ScienciaScripts

Imprint

Any brand names and product names mentioned in this book are subject to trademark, brand or patent protection and are trademarks or registered trademarks of their respective holders. The use of brand names, product names, common names, trade names, product descriptions etc. even without a particular marking in this work is in no way to be construed to mean that such names may be regarded as unrestricted in respect of trademark and brand protection legislation and could thus be used by anyone.

Cover image: www.ingimage.com

This book is a translation from the original published under ISBN 978-620-7-45220-0.

Publisher:
Sciencia Scripts
is a trademark of
Dodo Books Indian Ocean Ltd. and OmniScriptum S.R.L publishing group

120 High Road, East Finchley, London, N2 9ED, United Kingdom
Str. Armeneasca 28/1, office 1, Chisinau MD-2012, Republic of Moldova, Europe
Printed at: see last page
ISBN: 978-620-8-18469-8

Reconhecimento

Gostaria de expressar os meus agradecimentos ao meu pai, Shri H. P. Agarwal, por me ter inspirado a fazer este trabalho. Gostaria também de agradecer ao meu irmão Atul Agarwal e às minhas irmãs pela sua ajuda e apoio. O meu amor à minha sobrinha Rupal que esteve sempre comigo durante o meu trabalho de escrita.

Um agradecimento especial é devido aos outros que tornaram este livro possível.

Mala Agarwal

Agradecimentos

Gostaria de expressar os meus agradecimentos ao meu pai e à minha sogra, bem como ao meu pai e à minha mãe, por me terem apoiado e inspirado. Gostaria de deixar registado o meu mais profundo sentimento de gratidão para com o meu mais respeitado supervisor

Dra. Mala Agarwal, BBD Govt. College, Chimanpura, Jaipur, afiliada à Universidade de Rajasthan, Jaipur, pela sua orientação académica e incansável, inspiração e encorajamento constantes. O seu intelecto vibrante e a sua paixão pelo conhecimento foram uma importante fonte de motivação para mim neste trabalho de investigação. Ela ajudou-me a tornar-me um investigador mais crítico. Agradeço-lhe, sobretudo, por me ter ensinado que é sempre bom manter um olho no que se está a fazer e o outro no que se quer fazer a seguir.

Dr. Kanchan Kumari

PREFÁCIO

As plantas são uma fonte importante de substâncias biologicamente activas e têm sido utilizadas para fins medicinais desde a antiguidade. Os materiais vegetais são utilizados como remédios caseiros, em medicamentos de venda livre, suplementos alimentares e como matéria-prima para a abstenção de fitoquímicos. As plantas medicinais são uma fonte rica em fitoquímicos bioactivos e bionutrientes. Estes fitoquímicos têm um papel importante na prevenção de doenças crónicas como o cancro, a diabetes e as doenças coronárias. As principais classes de fitoquímicos com funções de prevenção de doenças são as fibras alimentares, os antioxidantes, os anticancerígenos, os agentes desintoxicantes, os agentes potenciadores da imunidade e os agentes neurofarmacológicos. Os fitoquímicos são classificados como constituintes primários ou secundários, consoante o seu papel no metabolismo das plantas. Os constituintes primários incluem os açúcares comuns, os aminoácidos, as proteínas, as purinas e as pirimidinas dos ácidos nucleicos, as clorofilas, etc. Os constituintes secundários são as restantes substâncias químicas das plantas, como alcalóides, terpenos, flavonóides, lenhina, esteróides vegetais, curcuminas, saponinas, fenólicos, flavonóides e glucósidos. As plantas produzem estes produtos químicos para se protegerem, estes fitoquímicos também protegem o ser humano contra as doenças.

As potenciais propriedades medicinais das espécies vegetais contribuíram significativamente para o desenvolvimento de várias terapias à base de plantas para uma série de doenças em todo o mundo.

O presente trabalho, intitulado "Análise fitoquímica de *Tinospora cordifolia* Miers. e *Glycyrrhiza glabra* Linn., sua eficácia antimicrobiana e actividades antioxidantes", apresenta o estudo analítico relativo às plantas acima mencionadas.

A avaliação físico-química foi realizada nas plantas selecionadas para analisar a presença de vários compostos bioactivos importantes do ponto de vista nutricional e medicinal e a sua bioeficácia. Os novos compostos activos são isolados por análise GC-MS, o que contribui para a avaliação científica de plantas medicinais importantes da Índia.

Espero que este trabalho seja apreciado pelos leitores que o considerem útil para um estudo mais aprofundado deste plano.

Conteúdo

CHAVE DE ABREVIATURAS

S.No.	Abbreviations	Full forms
1.	AI	Activity Index
2.	Ac	Acetone
3.	CH	Chloroform
4.	conc.	concentration
5.	cm	centimetre
6.	°C	Degree Celsius
7.	DMSO	Dimethyl sulfoxide
8.	DPPH	2,2-diphenyl-1-picrylhydrazyl
9.	EA	Ethyl acetate
10.	EE	Ethanol
11.	eV	electron Volt
12.	gm/l	gram by litre
13.	GC-MS	Gas Chromatography Mass Spectroscopy
14.	gm	Gram
15.	hrs	Hours
16.	HE	Hexane
17.	IZ	Zone of Inhibition
18.	M	Molarity
19.	Mg	milligram
20.	mg/gdw	milligram by gram dry weight
21.	mg/ml	milligram by millilitre
22.	Ml	millilitre
23.	min	minute
24.	ME	Methanol
25.	mm	millimetre
26.	mM	milliMolar
27.	NB	Nutrient Broth
28.	ODs	Optical Density
29.	%	Percentage
30.	PBS	Phosphate buffer solution
31.	PE	Petroleum ether
32.	PDA	Potato Dextrose Agar
33.	QE	Quercetin equivalent
34.	Rpm	revolution per minute
35.	ROS	Reactive Oxygen Species
36.	s	sedberg unit
37.	SEM	Standard Error Mean
38.	sec	second
39.	SDA	Sabouraud Dextrose Agar
40.	UV-Vis	Ultraviolet Visible
41.	w/v	weight by volume
42.	w/w	weight by weight

Capítulo I

Introdução

Os seres humanos estão a sobreviver e a inter-relacionar-se no território da natureza. A biosfera, a fina concha da terra e a sua cobertura terrestre e todo o mundo que está vivo são o maior elemento do ambiente que está próximo do homem. A natureza não é apenas solidária, é também encantadora. A criação de Deus é uma obra de arte. Se esta filosofia exterior não existir, o ser humano desaparecerá da realidade. A natureza é um conhecimento belo, materializado, energético. A natureza deu-nos uma abundância de ervas medicinais para curar as doenças. O homem antigo vivia em constante medo da doença e utilizava as plantas para curar e aliviar o seu sofrimento físico, chegando mesmo a alterar o ambiente, a natureza, a atmosfera e assim transformando as plantas e os animais. O homem e a natureza inter-relacionam-se de tal forma que dependem ativamente da natureza e, à medida que a civilização cresce, a sua dependência aumenta implicitamente.

As plantas são as fontes de todas as espécies deste planeta, fornecendo géneros alimentícios, óleos essenciais, gomas, antibióticos, alcalóides, hormonas, glicosídeos e outras substâncias medicinais, bem como combustível, fibras, látex, pigmentos ou resinas e uma variedade de outras matérias-primas quotidianas. O carvão e o petróleo são substâncias fósseis derivadas de plantas (Sotannde e Oluwadare, 2014; Sfiligoj *et al.*, 2013; Kumar *et al.*, 2021; Habib e Khan, 2021).

As plantas são a componente essencial da natureza e também uma parte vital do cosmos. Desde a antiguidade, várias plantas medicinais foram reconhecidas como uma importante fonte de medicamentos, pelo que as curas começaram no início da civilização humana com estas plantas medicinais após muitas descobertas e experiências (Talay e Talay, 2001).

A ênfase deve ser colocada na importância da medicina tradicional e na sua utilidade para a saúde humana em todo o mundo (McGaw *et al.*, 2020). As plantas têm sido certamente utilizadas para fins terapêuticos desde osprimórdios da civilização. Na última década, registou-se um enorme aumento do interesse e da utilização de produtos vegetais medicinais (Fitzgerald *et al.*, 2020; Bhattacharya *et al.*, 2021). O sistema comum de extractos de ervas como tratamento médico na Índia remonta aos primeiros tempos do "Rigveda". Existem provas da utilização de diversas receitas de ervas indianas no tratamento de uma variedade de doenças (Bhattacharya *et al.*, 2021).

As plantas medicinais são naturais, não contêm drogas e não têm efeitos secundários, são saudáveis, rentáveis, medicinais e curativas e têm propriedades rentáveis para atingir o objetivo "saúde para todos". Sabe-se que 20.000-30.000 espécies de plantas superiores são utilizadas como medicamentos. Entre estas espécies vegetais, 1500 são utilizadas em medicamentos ayurvédicos codificados, 3000 em etnomedicina e 700 em medicamentos modernos (Eggleton, 2020).

As moléculas bioactivas são compostos verdes naturais derivados de plantas. Os metabolitos secundários são moléculas bioactivas com uma vasta gama de aplicações industriais, incluindo a medicina farmacêutica e a descoberta de medicamentos. São atualmente muito procurados para investigação e a sua contribuição significativa para o tratamento a longo prazo de múltiplas doenças crónicas sem efeitos secundários. O principal foco do estudo atual é a descoberta de novos compostos bioactivos para o desenvolvimento de medicamentos experimentais para tratar doenças como o cancro, a febre viral, a diabetes e a SIDA, entre outras (Pan *et al.*, 2013).

Nas últimas décadas, as biomoléculas têm atraído a atenção de cientistas de vários domínios, incluindo botânicos, bioquímicos, biotecnólogos, químicos e farmacologistas, resultando na criação de bases de dados abrangentes de produtos naturais, bem como no conhecimento das estruturas das biomoléculas (Sorokina e Steinbeck, 2020).

Os compostos bioactivos são agora concebidos e planeados para serem agrupados em nanomateriais (Care *et al.*, 2015; Sampath *et al.*, 2020). São utilizados na síntese de nanomateriais, na imobilização de biomoléculas, em implantes cirúrgicos, na estabilização, em sensores e na catálise (Nagamune, 2017). Os métodos assistidos por computador têm sido utilizados principalmente para analisar a estrutura, as propriedades físico-químicas e a dinâmica, à medida que a biologia molecular e a bioinformática têm progredido (Liwo, 2014).

As biomoléculas primárias são ácidos nucleicos, aminoácidos, vitaminas e ácidos orgânicos que são utilizados em processos fundamentais nos organismos vivos, como a fotossíntese, a respiração, o metabolismo das proteínas e dos lípidos (Maeda, 2019). Os compostos bioactivos contêm fenóis, alcalóides, hormonas, contaminantes, giberelinas, narcóticos, medicamentos e compostos poliméricos (Wink, 2010). São produzidos como intermediários ou produtos finais durante o metabolismo primário (Pott *et al.*, 2019). Não participam em nenhum processo crítico de crescimento ou desenvolvimento celular, mas são importantes como moléculas de sinalização na defesa (Isah, 2019). Muitas plantas têm metabolitos secundários com valor medicinal (Eldahshan *et al.*, 2013; Delshad *et al.*, 2018).

As plantas são também os principais impulsionadores das preparações farmacológicas de medicamentos em todo o mundo (Hussein e El-Anssary, 2018). Os cientistas foram utilizados para criar uma variedade de medicamentos eficazes a partir de biomoléculas secundárias. As plantas eram utilizadas exclusivamente na medicina antiga. Depois disso, surgiu o conceito de Ayurveda. A maioria dos medicamentos patológicos depende de ervas, como a quinina, a efedra, a piperina e a curcuma longa, que têm sido utilizadas para fins medicinais desde a antiguidade (Veeresham, 2012).

O sector farmacêutico está fortemente dependente das espécies vegetais autóctones para a obtenção de matérias-primas e o fabrico de compostos medicinais úteis. De facto, a procura pública e comercial de muitas plantas medicinais tem sido tão forte que estas correm o risco de extinção, o que resulta numa perda de diversidade genética. O ambiente natural de muitas ervas e árvores está a degradar-se devido ao aumento da população mundial, ao comportamento antropogénico crescente, à erosão crescente dos ambientes naturais, à falta de métodos agrícolas suficientes, à degradação dos habitats das plantas e à recolha ilícita e indiscriminada de plantas desses habitats, entre outras causas. Atualmente, estão à beira da extinção (Yang *et al.*, 2008; Srithi *et al.*, 2009).

Nos últimos anos, a Índia tem sido um dos principais exportadores mundiais de plantas e ervas medicinais. À medida que os medicamentos autóctones foram ganhando importância, registou-se um aumento imprevisto de um grande número de farmácias. O consumo e a procura de medicamentos em bruto aumentaram significativamente. Para satisfazer a procura, todos os anos, um grande número de medicamentos em bruto está a ser explorado de forma indiscriminada em todas as partes do país. Além disso, perdemos mais rapidamente a nossa riqueza natural em ervas devido a cortes ilegais e outras interferências bióticas. Estas razões contribuíram para o desequilíbrio entre a procura e a oferta, que está a aumentar de dia para dia.

A biotecnologia é um ramo da biologia aplicada que trata da utilização de organismos vivos e de bioprocessos na arquitetura, na eletrónica, na medicina e noutras áreas que incluem bioprodutos. A biotecnologia é uma tecnologia ou ciência multidisciplinar do século XXI em rápido desenvolvimento que já influenciou tanto os aspectos comerciais como não comerciais da existência humana. A sua origem é uma disciplina científica moderna resultante da convergência da biologia molecular, da bioquímica e da microbiologia (Sonkaria e Khare, 2020; Alemu, 2020). A biotecnologia tem demonstrado uma garantia significativa nos domínios dos cuidados de saúde, dos produtos farmacêuticos, do petróleo, dos produtos agrícolas e da proteção do ambiente. No entanto, devido à sua relevância, tem ganho ultimamente um enorme contrato de preocupação mediática. Com certeza, a biotecnologia é a indústria mais exigente do mundo em termos de investigação (Sohn, 2020). Os desenvolvimentos biológicos tiveram um enorme impacto no mundo urbanizado e só agora começam a dar frutos nos países emergentes. Os sectores da biotecnologia na Índia desenvolveram-se a um ritmo exponencial. A engenharia genética, a tecnologia das proteínas e do ADN, as tecnologias de bioprocessos, a tecnologia de fusão celular e os desenhos moleculares baseados em estruturas são algumas das biotecnologias emergentes que estão na origem da revolução bioindustrial. A investigação alimentar, o desenvolvimento de antibióticos e de medicamentos, a revolução da biotecnologia molecular, a cultura de tecidos vegetais, os produtos farmacêuticos, a bioenergética e a especialização em informação contam-se entre as suas práticas diversificadas e multidisciplinares (Kovalevskaya *et al.*, 2008).

Esta tecnologia genérica é utilizada para alterar e melhorar o desempenho de plantas, animais e microorganismos. A indústria farmacêutica foi a que mais beneficiou com esta tecnologia. A biotecnologia tem contribuído, e continuará a contribuir, de forma significativa para a saúde humana, oferecendo conhecimentos de ponta sobre as doenças e servindo como um fator crítico no processo de descoberta de medicamentos. A nível mundial, existe uma necessidade crescente de investigação agrícola moderna e avançada que contribua para melhorar a produtividade agrícola. Não só as culturas, mas também o sector pecuário, as pescas e a silvicultura, têm sentido os efeitos dos fortes recursos da biotecnologia (Smithies, 2020). A bioengenharia é outro domínio importante que está na base das aplicações biotecnológicas.

As empresas tradicionais de biotecnologia estão a expandir os seus horizontes à medida que os métodos existentes e as abordagens emergentes avançam, permitindo-lhes desenvolver o valor dos seus produtos e melhorar o desempenho dos seus processos.

A biotecnologia vegetal, no seu sentido mais lato, está assim presente em todas as sociedades e, no que respeita a algumas aplicações, está muito evoluída, tendo passado por uma série considerável de progressos tecnológicos e intelectuais. A biotecnologia surgiu como um método importante para a reprodução em massa e o melhoramento de todos os organismos vegetais. A multiplicação clonal é o crescimento rápido de plantas verdadeiras numa quantidade limitada de vegetação num pequeno período de tempo. Constitui um mecanismo para o crescimento rápido de genótipos essenciais e para acelerar a libertação de um número significativo de plântulas (Tyagi *et al.*, 2008).

No entanto, os procedimentos biotecnológicos superiores de cultura de células e tecidos vegetais podem ter métodos inovadores para a propagação rápida e eficiente de plantas medicinais essenciais, raras e ameaçadas de extinção. Estes métodos são fundamentais para selecionar, multiplicar e preservar os genótipos significativos de plantas medicinais.

A cultura de tecidos vegetais é um conceito geral que inclui a cultura de protoplastos, células, tecidos e órgãos vegetais. A cultura de tecidos vegetais pode desempenhar um papel importante na "Revolução Verde de Sempre", na qual a edição de genes e os métodos biotecnológicos progrediram para desenvolver a qualidade e a quantidade da produção.

As técnicas de cultura de tecidos são amplamente utilizadas para melhorar a produtividade da agricultura e da silvicultura através do melhoramento de culturas de campo, florestais, hortícolas e de plantação. Este processo tem sido comercializado em todo o mundo e tem levado a um maior desenvolvimento de sementes de plantação de alta qualidade, duplicando, conservando e transformando, por esta ordem (Debnath *et al.*, 2006; Sujatha *et al.*, 2008).

Os metabólitos secundários são encontrados em quantidades muito pequenas nas plantas, no entanto, sua síntese pode ser significativamente aumentada por técnicas de cultura de tecidos vegetais, pois esse procedimento é a melhor maneira de produção industrial de muitos itens vegetais úteis (Chowdhury *et al.*, 2007). A biotecnologia é o método mais eficaz para aumentar o desenvolvimento de compostos bioquímicos *in vitro* (Pyne *et al.*, 2019; Pagare *et al.*, 2015). Os estudos *in vitro* de experiências com plantas são atualmente insuficientes para postular qualquer efeito na síntese de metabolitos secundários em calos derivados de folhas. Além disso, a fitoquímica desta planta só foi estudada em secções de plantas (Altamirano *et al.*, 2019).

A maioria dos programas de melhoramento de plantas baseia-se fortemente na propagação clonal de fenótipos selecionados. Em contraste com a propagação por semente, é um método mais suave de reprodução assexuada. As plantas produzidas por semente são fortemente heterozigóticas, e as melhores plantas devem ser escolhidas de uma grande população. As plantas produzidas por semente têm uma diversidade considerável em termos de aumento, convenção e quantidade, devido à heterozigotia, e podem ser redundantes devido à má qualidade das suas sementes, flora e frutos para uma distribuição rentável.

Do mesmo modo, a maior parte das plantas propagadas vegetativamente contém micróbios, bactérias, moscas, vírus e fungos que alteram a capitulação, a consistência e o aspeto das plantas selecionadas. A maior parte das plantas não pode ser propagada vegetativamente por estacas, brotos ou enxertos, limitando o número de cultivares disponíveis (Nath *et al.*, 2007; Arican *et al.*, 2008). Nos últimos anos, a cultura de tecidos surgiu como uma abordagem potencial para produzir populações de elite geneticamente puras *in vitro* (Babbar *et al.*, 2009).

A relevância das plantas, a utilização da biotecnologia e as suas numerosas aplicações em biologia, microbiologia, genética molecular, nanotecnologia, bioinformática, biomoléculas, bioquímica e produtos farmacêuticos são examinadas. O presente estudo c e n t r o u - s e nas espécies vegetais vitais de importância medicinal, ou seja, *T. cordifolia* Miers. e *Glycyrrhiza glabra* Linn.

A T. cordifolia pertence à família Menispermaceae, vulgarmente designada por Guduchi, que inclui cerca de 70 taxa e 450 espécies encontradas em todo o mundo. São maioritariamente trepadeiras, com alguns arbustos a acompanhar. Os alcalóides e os terpenos são a principal fonte desta família (Sharma *et al.*, 2010). O *Tinospora* Miers (Menispermaceae) é um género com um grande número de espécies que se encontram em Madagáscar, na África tropical, na Austrália, nas ilhas do Pacífico e na Ásia (Mabberley, 2005). Duas espécies, *Tinospora cordifolia* (Thunb.) Miers e *Tinospora sinensis* (Lour.) Miers, são encontradas no Sul da Índia, enquanto as outras duas, *Tinospora crispa* (L.) Hook.f. e Thomson e *Tinospora glabra* (Burm.f.) Miers são conhecidas por ocorrerem nas Ilhas Andaman e no Nordeste da Índia. As partes da planta *T. cordifolia* (caule, folhas e sementes) são todas essenciais para fins medicinais. O caule *da T. cordifolia* é pungente, enriquece o sangue, estimula a absorção da bílis, é estomacal e cura a diarreia, flatulência, hipertensão, febre, inflamação do trato respiratório superior, doenças urinárias, iterícia e leucorreia. A casca e o caule seco são tradicionalmente utilizados como afrodisíacos, antiperiódicos e tónicos. O teor de amido das raízes é benéfico e é utilizado para tratar a diarreia. O extrato aquoso do caule é benéfico na cura de infecções cutâneas (Singla e Singla, 2010). *A T. cordifolia* é uma planta com muitas funções (Saha e Ghosh, 2012).

A T. cordifolia foi classificada como uma das 32 plantas medicinais altamente prioritárias na Índia pelo Conselho Nacional de Plantas Medicinais, Nova Deli, e pelo Governo da Índia, devido à sua elevada procura. Esta planta tem sido sobreexplorada para fins de medicina tradicional por empresas farmacêuticas e pessoas comuns, o que resulta numa escassez significativa desta planta para satisfazer a procura atual devido ao seu valor medicinal. Ao mesmo tempo, *a T. cordifolia* sofre de uma baixa fixação e germinação de sementes no seu habitat natural. As estacas de caule, embora úteis para a propagação, dependem das condições climatéricas para um crescimento adequado (Placa-1).

PLATE-1

(a) *Tinospora cordifolia* climbing on *Azadirachta indica* plant
(b) *Tinospora cordifolia* fruting stage
(c) Leaves of *Tinospora cordifolia*
(d) Aerial roots of *Tinospora cordifolia*

Foram identificados metabolitos secundários da *T. cordifolia*, nomeadamente ácido tinospórico, tinosporona, tinosponona, cordifolisídeos, gilenina, giloína, siringina A a E, bergenina, picroteno, polissacárido arabinogalactano, tinosporidina, tinosporol, gilosterol, berberina, sitosterol, cordifol, heptacosanol, casmantina, tinosporida, columbina, amritosídeos, siringina, éster propílico ou ácido valpróico, ácido pentanóico, ácido 12-octadecadienóico (Z, Z), fitol ou 2-hexadecen-1-ol e ácido 9, 2, 5- dimetoxi-hexadecanóico, éster metílico, ácido benzeno-propanoico, ácido octadecanóico, ácido palmítico, ácido valpróico, esqualeno e ácido linoelaídico (Singh *et al.*, 2003; Sinha *et al.,* 2017).

A Glycyrrhiza glabra pertence à família Leguminosae ou Fabaceae e é vulgarmente conhecida como Yashti-madhuh. O alcaçuz (*Glycyrrhiza glabra* L.) é uma planta persistente que cresce como erva daninha em cucurbitáceas, campos de trigo e jardins, batata, beterraba sacarina, sanfeno, trevo, forragens, pastagens e algodão. É possível que a expansão das raízes e rizomas possa resultar em perdas significativas de produtos agrícolas e jardins. Encontra-se principalmente na África do Sul, Albenia, Israel, Itália, Líbano e outras regiões do Mediterrâneo e certas áreas da Ásia (Bahmani *et al.*, 2014). A raiz açucarada de diferentes tipos de Glycyrrhiza, um género que inclui cerca de 14 espécies nativas de países moderados mais frios em ambos os mundos, o Novo e o Velho, dez das quais têm raízes que são extra ou menos doces, mas a maioria das quais não são suficientemente doces para serem úteis (Kaur e Dhindsa, 2013). O alcaçuz é uma das plantas mais frequentemente utilizadas na fitoterapia ocidental. Há mais de 4000 anos que o alcaçuz é utilizado na medicina (Fenwick *et al.*, 1990). Esta planta tem sido documentada na literatura pelo seu comportamento biológico, como anti-sedicioso e expetoração promotora de medicamentos, bem como pela sua capacidade de controlar a tosse convulsa e provocar alterações nas hormonas do corpo. Cura e cliva o fígado. Internamente, é utilizada para tratar a asma, a doença de Addison, úlceras pépticas, bronquite, artrite, tratamento com esteróides e queixas alérgicas (Khanahmadi *et al.*, 2013). Foi registado um grande número de metabolitos essenciais a partir de partes diferentes de *T. cordifolia* e *Glycyrrhiza glabra.*

Foram identificados metabolitos secundários de *Glycyrrhiza glabra*, nomeadamente glabridina, 4-O-metilglabridina, hispaglabridina B, glicirrizina, ácido glucurónico, isoliquiritina, saponina, compostos fenólicos de alcaçuz, isoliquertina, liquiritigenina, liquirtina e rhamnoliquirilina, e cinco novos flavonóides - prenililoflavona A, apiósido de glucoliquiritina, shinflavanona, 1-metoxifaseolina e shinpterocarpina isolados de raízes secas (Denisova *et al.*, 2006; Behdad *et al.*, 2020). Foi também isolado o kanzonol R, um novo derivado isoflavânico prenilado. As raízes contêm muitos componentes voláteis, incluindo hexanol, pentanol, óxido de linalol A e B, terpinen-4-ol, -terpineol, tetrametilpirazina, geraniol e outros. O óleo de base contém ácido benzoico, ácido propiónico, linoleato de etilo, furfuraldeído, 2, 3-butanodiol, metiletilcetina, trimetilpirazina, 1-metil-2-formilpirrol, maltol, formiato de furfurilo e alguns outros compostos (Placa-2).

PLATE-2

(a) *Glycyrrhiza glabra* plant
(b) Twig of *Glycyrrhiza glabra*
(c) Leaves of *Glycyrrhiza glabra*
(d) Seeds of *Glycyrrhiza glabra*

O mundo enfrenta uma nova e inesperada pandemia de coronavírus (COVID-19) produzida pelo Coronavírus Severe Acute Respiratory Union 2 (Rastogi *et al.*, 2020). Com quase 172.630.637 casos confirmados e 3.718.683 mortes até 7 de junho de 2021, a doença expandiu-se internacionalmente. Na última década, o mundo assistiu ao aparecimento de vários surtos e epidemias de doenças causadas por mais de 20 agentes infecciosos, de acordo com a Organização Mundial da Saúde (OMS). Atualmente, não existem medicamentos ou vacinas disponíveis para tratar a doença. A Ayurveda é uma antiga organização indiana de medicação que tem sido praticada na Índia há cerca de 5000 anos e que se baseia maioritariamente em composições vegetais. Por isso, há necessidade de moléculas bioactivas de plantas medicinais porque as plantas medicinais são o reservatório de metabolitos secundários. Os fitoquímicos bioactivos de plantas medicinais como a *T. cordifolia e a Glycyrrhiza glabra* podem potencialmente suprimir o Mpro SARS-CoV-2 e equipar ainda mais a COVID-19, um método mundial de gestão do contágio (Shree *et al.*, 2020; Van de Sand *et al.*, 2020). A glicirrizina e o alcaçuz, que são os principais compostos bioactivos da *Glycyrrhiza glabra*, e a tinosporida e a tinocordifolina da *T. cordifolia* têm várias acções positivas contra a maior parte da COVID-19 (Gomaa e Abdel-Wadood, 2021; Thakkar *et al.*, 2021).

Por conseguinte, o presente trabalho de investigação foi realizado com o objetivo de analisar a cultura *in vitro* e o isolamento, a identificação e a quantificação de metabolitos primários, tais como hidratos de carbono, amido, proteínas, lípidos, fenóis, clorofila, conteúdo de carotenóides e metabolitos secundários, tais como sapogenina esteroidal e rotenóides, presentes em duas importantes plantas selecionadas, nomeadamente *T. cordifolia* e *Glycyrrhiza glabra*, utilizando várias técnicas cromatográficas e espectroscópicas. Além disso, a sua atividade biológica foi testada após bioensaios antimicrobianos, isto é, antibacterianos e antifúngicos, e atividade antioxidante. A sua atividade biológica foi determinada através de bioensaios antibacterianos e antifúngicos e a atividade antioxidante foi também testada utilizando um protocolo estabelecido para validar a atividade antimicrobiana e as propriedades antioxidantes destas espécies vegetais.

OBJECTIVO

1.   Levantamento e recolha das espécies vegetais saudáveis.

2.   Secagem à sombra para obtenção de extrato.

3.   Serão efectuadas análises bioquímicas.

4.   Isolamento de ingredientes medicinais activos de espécies vegetais para estudar constituintes fitoquímicos úteis.

5.   A atividade antioxidante (atividade de eliminação de radicais livres) e a atividade antimicrobiana serão investigadas com o objetivo de elucidar o potencial medicinal das espécies.

6.   Será feita uma tentativa de estabelecer culturas *in vitro* e de isolar compostos bioactivos.

7.   A análise estatística dos dados foi efectuada através da análise de variância (ANOVA) para os dados e da comparação múltipla com LSD. Outros valores de $p < 0,05$ foram considerados estatisticamente significativos.

Capítulo II

Revisão da literatura

Tinospora cordifolia Miers Família Menispermaceae

A família tem muitos géneros e espécies que se estabelecem em áreas húmidas de baixa altitude, com algumas espécies a serem encontradas em regiões temperadas e áridas (Hina *et al.*, 2020). A maioria destas espécies são trepadeiras lenhosas em florestas tropicais, enquanto alguns géneros chegam a regiões temperadas na América do Norte e no Japão (Ortiz *et al.*, 2016). As Menispermaceae têm sido utilizadas na farmacopeia tradicional, e os medicamentos derivados destas plantas são amplamente utilizados no mundo medicinal moderno. (Xie *et al.*, 2015).

Género Tinospora

A Tinospora é um membro da família Menispermaceae, que faz parte do grande grupo das Angiospérmicas. Estão presentes na Ásia, em África e nas regiões tropicais e subtropicais da Austrália (Sukhdevrao, 2018). *T. cordifolia* e *T. crispa* são as espécies mais difundidas. O género Tinospora contém muitas espécies de plantas, e os povos nativos utilizavam algumas plantas como remédios convencionais. Na Ásia, em África e nas regiões tropicais e subtropicais da Austrália (Bisset e Nwaiwu, 1983). As espécies de Tinospora foram descobertas como um género de ervas medicinais essenciais utilizadas como remédios caseiros para o tratamento de náuseas, dor de cabeça, infeção da garganta, gripe, diarreia, úlcera na boca e no estômago, asma, para produzir mais sumo digestivo e artrite reumatoide numa revisão exaustiva da literatura (Spandana *et al.*, 2013).

Tinospora cordifolia

A Tinospora cordifolia (também conhecida como semente da lua com folhas de coração, gurjo, guduchi, guruchi ou giloy) é uma planta herbácea tropical do subcontinente indiano da família Menispermaceae. É um arbusto trepador e rasteiro forte, de folha caduca, que se espalha amplamente, com muitos ramos alongados e retorcidos (Saha e Ghosh, 2012). As folhas são planas, alternadas e exstipuladas, com pecíolos longos de até 15 cm de comprimento que são arredondados e pulvinados, tanto na base como no ápice, com o basal mais longo

20

e torcido parcialmente e a meio caminho (Choudhary *et al.*, 2013). A semente da lua com folhas em forma de coração deriva o seu nome da forma das suas folhas como coração e as bagas são de cor vermelha. As flores são unissexuais, pequenas e ocorrem durante a estação em que a planta fica sem folhas, e são amarelo-esverdeadas em racemos axilares e terminais. As flores da planta masculina são geralmente agrupadas, enquanto as flores da planta feminina são tipicamente solitárias. Tem seis sépalas em dois grupos de três (Jayaseelan *et al.*, 2011). As do exterior são maiores do que as do interior. Tem seis pétalas obviadas e membranosas, mais pequenas do que as sépalas. Os frutos formam cachos de dois a três. São drupeletes ovóides e achatadas, em caules largos, com cicatrizes subterminais de cor escarlate ou laranja. Esta planta tem sido utilizada em medicamentos à base de plantas para curar diferentes tipos de doenças relacionadas com os pulmões, o estômago e a pele há muitos anos (Meshram *et al.*, 2013).

A gurcha é uma planta gregária e glabra. Os caules mais velhos têm uma casca de cortiça e podem crescer até 2 cm de diâmetro. As raízes aéreas brotam das cicatrizes nodais dos ramos. Lenticelas verticais brancas adornam o caule e os ramos (Kattupalli *et al.*, 2019). A casca é castanha esverdeada, não lisa, fina e descasca-se facilmente. As folhas são ovadas e agudas, medindo 5-15 cm. Quando são jovens, são membranosas, mas à medida que amadurecem, tornam-se mais ou menos coriáceas (Jayaseelan *et al.*, 2011).

Distribuição

A espécie é habitante da Índia e encontra-se a altitudes de 600 m nas regiões tropicais e subtropicais. Também é nativa da China, Tailândia, Sri Lanka, Myanmar, Indonésia, Bornéu, Filipinas, Bangladesh, Malásia, Vietname, África do Sul e África do Norte e Ocidental (Bharathi *et al.*, 2018). Distribuição local na Índia viz. Arunachal Pradesh, Assam, Bihar, Deli, Gujarat, Tamil Nadu, Goa, Kerala, Uttar Pradesh, Karnataka, Odisha, Maharashtra, Sikkim, Bengala Ocidental. O seu potencial medicinal foi avaliado nas folhas e no caule (Sinha *et al.*, 2004).

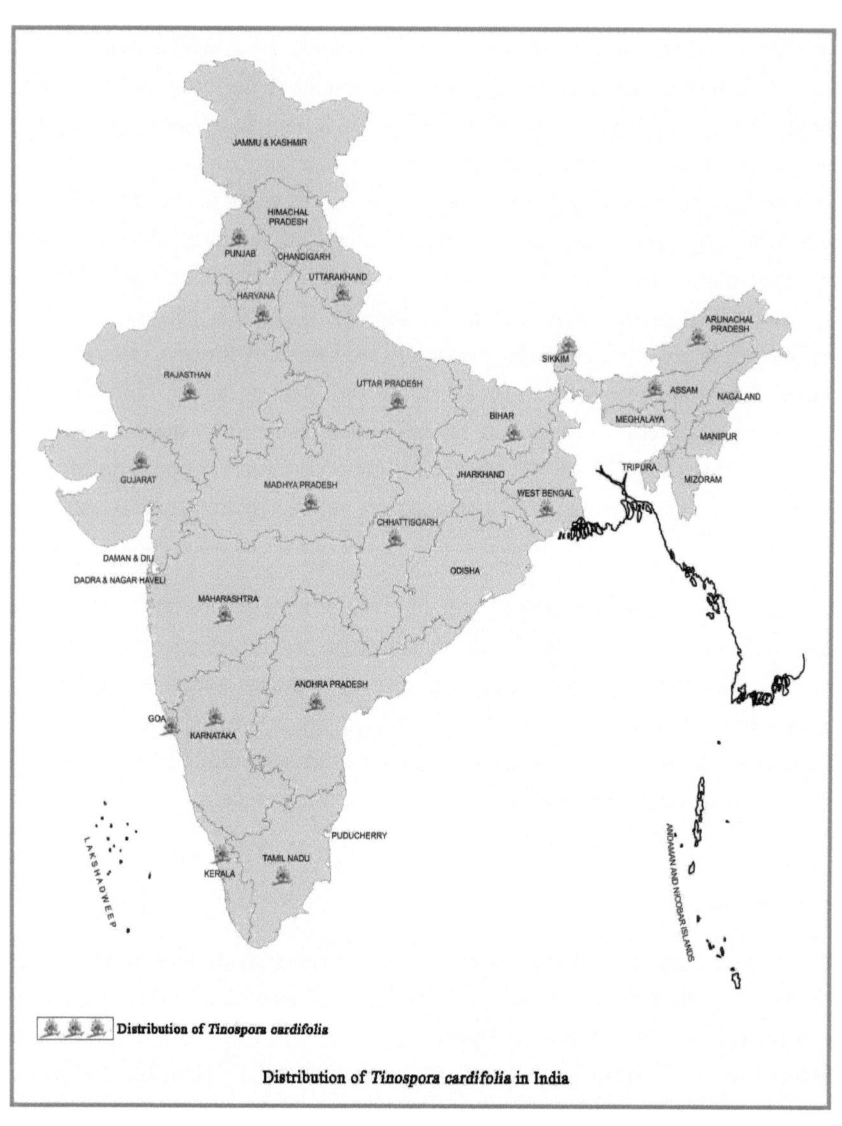

Mapa-1

Fonte: Moléculas bioactivas

A planta inclui principalmente glicosídeos, alcalóides, óleos essenciais, sesquiterpenóides, hormonas, mistura de ácidos gordos, compostos alifáticos e polissacáridos. A berberina, a gilonina amarga e o giloningilosterol não glicosídeo encontram-se entre os alcalóides (Modi *et al.*, 2020). Tinosporida, tinosporina, heptacosanol, tinosporasida, cordifol, clerodanefuranoditerpeno, columbina, cordifolida, b-sitosterol, tinosporidina e furanolactona diterpenóide são os principais fitoconstituintes da *T. cordifolia* (Reddy e Reddy, 2015). O seu caule contém berberina, tembertarina, palmatina, colina, magniflorina e tinosporina. A tinocordisida é um glicosídeo sesquiterpeno cadinano com um esqueleto tricíclico e um anel de ciclobutano, foi isolado da planta (Khan *et al.*, 2016). Os caules *da T. cordifolia* foram utilizados para isolar o novo clerodanefurano-diterpeno com a fórmula molecular C H O$_{20208}$ é estudado. Esta planta é estudada para descobrir um epímero de 6- hidroxiarcangelisina. A tinocordifolina, um novo sesquiterpeno do tipo daucano isolado do caule, foi identificada na *T. cordifolia* (Dalai *et al.*, 2013).

A tinocordifolina é um novo sesquiterpeno que funciona com o tinocordifoliosídeo e a N-trans-feruloiltiramina. Uma análise fitoquímica de *T. cordifolia* em metanol resultou na deteção de compostos bioactivos novos e existentes (Bajpai *et al.*, 2016). As estruturas de dois novos alcaloides de aporfina, N-formilasimilobina 2-O-β-D-glucopiranosil-(1→2)-β-D-glucopiranosídeo (tinoscorsídeo A,1) e Nacetilasimilobina2-O-β-D-glucopiranosil-(1→2)-β-D-glucopiranosídeo (tinoscorsídeo B, 2), um novo clerodanediterpeno, o tinoscorsídeo C (3), e um novo fenilpropanóide, o sinapil4-O-β-D-apiofuranosil-(1→6)-O- β-D-glucopiranosídeo (tinoscorsídeo D) (Dalai *et al.*, 2013).

Possui vários terpenóides Tinosporaside, Furanolactone diterpene, Tinosporide, furanoid diterpene, ecdysterone makisterone, Furanolactone clerodane diterpene, e vários glucósidos isolados como henilpropene cordifolioside A, B e C poli acetato, cordioside, glicosídeo sesquiterpénico tinocordifoliosídeo, cordifolisídeo D e E, tinocordiosídeo, palmatosídeos C e F, sesquiterpeno tinocordifolina e alcalóides Tinosporina, pirrolidina 1,2-substituída, berberina, jatrorrhizina, colina, magnoflorina, alcalóides, viz. palmatina, jatrorrhizina, tembeterina, beberina, colina (Tiwari *et al.*, 2018).

Propriedades medicinais

A literatura indica propriedades etnomedicinais como atividade anti-stress, antiulcerosa, anticancerígena e antitumoral (Veloso *et al.,* 2014), atividade antidiabética e hiperglicémica, antitússica (anti-tosse) e imunomoduladora (Pushpangadan *et al.,* 2010). A fitoquímica é a subdivisão das ciências que se ocupa da análise de substâncias químicas derivadas de plantas. A família Menispermaceae é um grande reservatório de uma multiplicidade diferente de metabolitos secundários como quininas, alcalóides, taninos, quercetina, saponinas, glicosídeos, açúcares redutores, β–σιτοστερολ, iridóides, terpenos, kaempferol, esteróides, etc. Os extractos brutos de membros da família Menispermaceae possuem atividade antibacteriana, antifúngica, anti-inflamatória, plasmodial, hepatoprotectora, antioxidante, anti-inflamatória, anti-artrite, anti-cancerígena, anti-tumoral, etc., pelo que são utilizados como finalidade terapêutica tradicional para abater uma série de doenças crónicas desde períodos antigos (Choudhury *et al.,* 2014).

A epidemia de Coronavírus-2 da Síndrome Respiratória Aguda Grave (SARS-CoV-2) foi comunicada pela primeira vez em dezembro de 2019 em Wuhan, na província de Hubei, na China, e é conhecida por ser a causa da nova doença do coronavírus (COVID-19). A COVID-19 foi considerada uma pandemia em março de 2020 e já matou pessoas em mais de 200 países em todo o mundo. Prosseguiu a investigação aprofundada sobre vacinas eficazes ou compostos farmacológicos contra o SARS-CoV-2, estando atualmente em fase de testes experimentais um total de 64 tipos de vacinas, das quais cerca de 12 estão atualmente licenciadas para utilização por várias autoridades reguladoras, consoante a jurisdição. Na epidemia de SARS-CoV-2, várias nações utilizaram remédios convencionais à base de plantas com medicamentos convencionais para tratar indivíduos doentes (Chowdhury, 2020). Os remédios tradicionais utilizados para curar a infecciosidade do SARS-CoV-2, bem como os componentes das plantas utilizados pelos curandeiros tradicionais. Além disso, são descobertos e mencionados os processos prováveis subjacentes a este resultado preventivo ou terapêutico. A COVID-19 foi tratada com componentes de plantas como raízes, folhas, flores, sementes, etc. (Jena *et al.,* 2021).

A ação anti-COVID-19 destas ervas medicinais tradicionais pode ser mediada pela supressão direta da replicação ou entrada viral (Shree *et al.,* 2020). A inibição do recetor ACE-2, da helicase do SARS-CoV, da TMPRSS2 (Serina Protease Transmembranar Tipo II) e de outras que o SARS-CoV-2 necessita para contaminar as células humanas. Outros actuam através do bloqueio das proteínas do ciclo de vida do SARS-CoV-2 CL-pro (quimotripsina como cisteína protease) e protease tipo papaína (Panigrahi *et al.*, 2021). A infeção por SARS-CoV-2 pode ser prevenida com tratamentos alternativos baseados em plantas medicinais. São necessários mais estudos para identificar os seus compostos biológicos activos, que poderão levar à criação de medicamentos para combater este novo coronavírus (Chowdhury, 2020).

Estudos *in vitro* de *T. cordifolia*

Esta planta tem muita importância económica, pelo que foi investigada para o seu crescimento e propagação *in vitro*. A germinação *in vitro* e o calo foram induzidos em *T. cordifolia* (Raghu *et al.*, 2006). A produção in vitro de antioxidantes e a viabilidade celular foram testadas (Auddy *et al.*, 2003; Abiramasundari *et al.*, 2012). A atividade antimicrobiana *in vitro* também foi verificada (Agarwal *et al.*, 2019). As condições ambientais influenciaram a produção *in vitro* de di e esteróis em calos desta espécie (Karuppusamy, 2009). As culturas de calos também podem ser usadas para iniciar culturas de suspensão de *T. cordifolia* para pesquisa de berberina. Este sistema de transformação da berberina pode também ser utilizado para a colheita de berberina. (Pillai e Siril, 2019). Compostos fenólicos foram relatados em calos (Gedam *et al.*, 2019) e também mostraram a propriedade antioxidante (Verma *et al.*, 2014). A composição química das raízes de *T. cordifolia* foi avaliada e avaliou sua importância medicinal (Karuppusamy, 2009).

Estudos moleculares

O genoma do cloroplasto de *T. cordifolia* foi totalmente sequenciado a fim de realizar estudos filogenéticos. Foi determinada uma filogenia molecular e a classificação de Menispermaceae (Rana *et al.*, 2012). O estudo filogenético de Menispermaceae com base em sequências do gene cpDNA foi também exaustivamente elaborado (Wang *et al.*, 2017). A evolução morfológica também foi registada em Menispermaceae (Jacques e Bertolino, 2008).

Investigação

Os ingredientes químicos das raízes de *T. cordifolia* foram investigados do ponto de vista medicinal (Pandey *et al.*, 2012). O caule *da T. cordifolia* tem efeitos anti-espasmódicos, anti-lepróticos e anti-alérgicos. O caule é acre, antiespasmódico, diurético (Nayampalli *et al.*, 1988), promove a secreção biliar, produz diarreia, alivia a sede, alivia a irritação da pele, induz náuseas, melhora o sangue e cura a bilirrubina. A raiz e o caule *de T. cordifolia* são utilizados em conjunto no meio de medicamentos como antídoto para picadas de cobra e picadas de escorpião. Em casos de febre, o sumo das folhas é tomado por via oral com pimenta preta e mel (Meshram *et al.*, 2013; Singh e Saxena, 2017).

Esta planta tem um elevado potencial para o desenvolvimento de medicamentos valiosos. O extrato das folhas tem uma ação anti-HIV. Consequentemente, os extractos biológicos desta planta serão certamente úteis na prevenção e no tratamento de muitas doenças virais nas pessoas (Estari *et al.*, 2012). *A T. cordifolia* pode ter um papel potencial na supressão de tumores. A porção de polissacarídeo *da T. cordifolia* inibiu as colónias metastáticas do pulmão quando administrada intraperitonealmente em ratos, de acordo com a investigação (Pingale, 2010). Consequentemente, pode afirmar-se que os extractos biológicos da planta serão sem dúvida benéficos nas doenças virais das pessoas (Estari *et al.*, 2012).

Um β-sitosterol protegeu as células cancerosas humanas da proliferação (Sharma *et al.*, 2010). *A T. cordifolia* reduziu os níveis de cálcio intracelular dos mastócitos activados. Estes foram os resultados que sugeriram que é útil no tratamento de doenças alérgicas agudas e crónicas (Zalawadia *et al.*, 2009). Isto foi possível devido aos antioxidantes presentes no extrato. Foram efectuados vários estudos de investigação sobre o potencial antioxidante da *T. cordifolia* (Pushpangadan *et al.*, 2010). As raízes desta planta, uma erva indígena utilizada na medicina ayurvédica na Índia, foram testadas quanto aos efeitos antioxidantes em ratos diabéticos aloxânicos. O extrato do caule *de T. cordifolia* tem potencial para ser uma alternativa barata e não tóxica aos antioxidantes sintéticos (Kumar e Singh, 2018; Prince e Menon, 1999).

A germinação de *T. cordifolia* foi testada em várias circunstâncias ambientais (Rosbakhand e Poschlod, 2015).

Os componentes químicos descritos incluem alcalóides, Diosgenina, glicosídeos, esteróides, terpenóides e compostos fenólicos. Devido à presença destes compostos, o extrato herbáceo de *Tinospora cordifolia* tem um efeito hepatoprotector (Ashok e Bijalban, 2021).

A T. cordifolia contém compostos fitoquímicos, como polifenóis, triterpenos, naftoquinonas, ácido oleanólico, flavonas, glicosídeos de belericanina, glucósidos iridóides, taninos, alcalóides, ácidos alo-tânicos, β-sitosterol e óleos de sementes (Sinku e Sinha, 2018). Saponina de

A T. cordifolia pode melhorar a saúde mental para curar o paciente de amnésia (Une *et al.*, 2014).

A eficácia medicinal da planta é atribuída a uma pequena quantidade de berberina. A diosgenina tem atividade anti-inflamatória, antiviral, antialérgica, antioxidante e anticancerígena, enquanto os alcalóides têm propriedades anti-inflamatórias, analgésicas, antivirais, anticancerígenas, antidiabéticas e antioxidantes (Pradhan *et al.*, 2013).

Os seus valores medicinais são elevados, uma vez que é utilizado na cicatrização de feridas cutâneas, hiperpigmentante, anti-inflamatório, atividade antimicrobiana e potencial anticancerígeno (Barua *et al.*, 2010; Nipanikar *et al.*, 2017; Palmieri *et al.*, 2019). O alcaloide palmatina extraído de *T. cordifolia* exibe propriedades anticancerígenas contra a carcinogénese cutânea induzida por DMBA (7,12- dimetilbenz (a) antraceno) em ratos albinos suíços (Ali e Dixit, 2013). O antioxidante saponarina, presente na *T. cordifolia*, que é um inibidor da glucosidase, tem uma ação hipoglicémica (Sengupta *et al.*, 2009).

Valor medicinal

A informação sobre vários aspectos *da T. cordifolia* tem sido revista de tempos a tempos. As actividades analgésica, antipirética e antimalárica do extrato de beta-sitosterol (Hussain *et al.*, 2015) desta planta. Também ilustraram o valor medicinal desta planta desde os tempos antigos (Hussain *et al.*, 2015). A atividade anti-inflamatória das Menispermaceae (Moody *et al.*, 2006), as propriedades curativas de lesões (Arcueno *et al.*, 2015), antitumorais e de citotoxicidade (Thavamani *et al.*, 2013), o efeito hepatoprotector e antioxidante (Kavitha *et al.*, 2011) fimdocumentados.

A Tinospora cordifolia é um medicamento importante nos sistemas médicos indianos e tem sido utilizada para fins etanomedicinais desde tempos antigos. O medicamento é um amargo indiano que é utilizado para tratar febres, diabetes, indigestão, bilirrubina, problemas de bexiga, doenças de pele, diarreia crónica e cólera. Foi também demonstrado que é benéfico no tratamento de doenças cardíacas, lepra e helmintíase. O amido extraído do caule é extremamente nutritivo e digerível, e é utilizado para tratar uma variedade de doenças (Reddy e Reddy, 2015).

A Tinospora cordifolia tem uma variedade de componentes químicos de várias classes, incluindo alcalóides, lactonas diterpenóides, glicosídeos e esteróides. Os efeitos antioxidantes, anti-neoplásicos, anti-artríticos, anti-inflamatórios, anti-diabéticos, antivirais, anti-stress e hipocolesterolémicos são as caraterísticas biológicas mais importantes documentadas (Sankhala *et al.,* 2012).

2.13 Importância económica

É conhecida na preparação de alguns remédios habituais para curar doenças crónicas. Também é utilizada no fabrico de um valioso corante amarelo. O ácido oleanólico está presente tanto nos ramos como nas flores. Tem muitas aplicações farmacêuticas na ciência médica para curar doenças crónicas como o cancro, o VIH, o fígado e infecções virais (Estari *et al.,* 2012).

Glycyrrhiza glabra Linn. Família Leguminosae

A família 'Leguminosae' (Fabaceae) tem propriedades muito variadas, incluindo o facto de ser um dos grupos de vegetação mais significativos, porque as leguminosas são utilizadas pelos seres humanos como culturas, adubos verdes e forragens (Ahmad *et al.,* 2016). Leguminosae subdivide-se ainda em três subfamílias: papilionodae, caesalpinioideae e mimosoideae. Estas plantas demonstraram propriedades analgésicas, anti-inflamatórias, antiulcerosas, antitumorais, neuroprotectoras, anti-hiperglicémicas, anti-reumáticas, fungiscidas, bactericidas e viruscidas. A planta do alcaçuz pertence a esta família devido ao tipo de fruto que produz (Dedehou *et al.,* 2016).

O fruto é uma fruta seca conhecida como vagem. Estas plantas podem também fixar azoto graças a uma ligação simbiótica com tipos específicos de bactérias (Catarino *et al.,* 2019). Leguminosae é uma família financeiramente significativa que inclui uma gama diversificada de plantas medicinais, muitas das quais são amplamente utilizadas na medicina tradicional africana. Algumas espécies podem ser estudadas mais aprofundadamente para encontrar substâncias químicas antioxidantes e antibacterianas (Chew *et al.*, 2011).

Género *Glycyrrhiza*

A família das leguminosas Fabaceae é reconhecida por muitas espécies, incluindo Glycyrrhiza, com uma distribuição subcosmopolita na Europa, Austrália, Ásia e América (Shandiz *et al.*, 2017). Glycyrrhiza deriva das antigas palavras gregas glykos, que significa doce, e rhiza, que significa raiz. No norte da Índia, *a G. glabra* é conhecida como mulaithi. *A G. glabra* é frequentemente conhecida como alcaçuz e madeira doce. *A G. glabra*, uma planta que habita a Eurásia e o Norte de África, é mais conhecida pelo alcaçuz, a partir do qual se fabrica a maior parte do alcaçuz de confeitaria (Kondo *et al.*, 2007). Muitos curandeiros conservadores afirmaram a eficácia das espécies de Glycyrrhiza como colerético, pesticida e diurético, e recomendaram-na em medicamentos convencionais para constipações, febre, dengue, malária e inchaços incómodos (Chopra *et al.*, 2002).

Glycyrrhiza glabra

A Glycyrrhiza glabra é uma planta com flor da família das Fabaceae, da qual se pode colher um aroma doce e perfumado. *A G. glabra* (família Fabaceae), também conhecida como alcaçuz, é uma planta herbácea perene que tem sido utilizada há milhares de anos como ingrediente aromatizante em refeições e tratamentos médicos (Sharma *et al.*, 2013). Desde a antiguidade, a raiz de alcaçuz tem sido vulgarmente utilizada para curar a tosse em todo o mundo. A glicirrizina, o ácido glicirretínico, os flavonóides, os isoflavonóides e as chalconas são alguns dos produtos químicos activos que se encontram na raiz de alcaçuz. Devido às suas estruturas semelhantes a esteróides, a glicirrizina e o ácido glicirretínico são considerados os principais componentes activos e são fortes inibidores do metabolismo do cortisol (Sharma *et al.*, 2018).

O alcaçuz é um edulcorante natural com um poder adoçante 50 a 170 vezes superior ao da sacarose (Mukhopadhyay e Panja, 2008). Verificou-se também que o alcaçuz tem efeitos antidiabéticos, anti-inflamatórios, antioxidantes e antibacterianos. Consequentemente, desde a antiguidade, tem sido utilizado em remédios tradicionais como antialérgico, irritante, emoliente e fungicida (Badkhane *et al.*, 2014). É também utilizada em diferentes doenças, incluindo tosse, asma, artrite, úlceras pépticas, doença de Addison, bronquite, tosse e sintomas de alergia. A glicirrizina e o ácido glicirrízico, ambos derivados do alcaçuz, apresentam propriedades biológicas activas impressionantes (Sharma *et al.*, 2018).

Distribuição

A G. glabra é endémica da Europa e da Ásia, incluindo o sudoeste e a Ásia Central, bem como da zona mediterrânica. *O G. glabra* encontra-se em Espanha, Itália, Turquia, Irão, Iraque, Ásia Central e China, enquanto *o G. uralensis* se encontra na Mongólia, na Ásia Central e nas partes nordeste e leste da China (Lim, 2016). *G. glabra* var. typica é um cogumelo espanhol e *G. glabra* var. glandulifera são duas variedades de *G. glabra* (Dastagir e Rizvi, 2016). *A G. glabra* tem três variedades: Alcaçuz russo, *G. glabra* var. glandulifera; alcaçuz italiano e espanhol, *G. glabra* var. typica; e alcaçuz persa e turco, *G. glabra* var. violacea (Fukai e Nomura, 1997). O Afeganistão, o Irão, a China, o Iraque, o Uzbequistão, o Azerbaijão, o Paquistão, o Turquemenistão e a Turquia são alguns dos países que produzem alcaçuz. O alcaçuz comercial é produzido na China a partir das três espécies acima descritas.

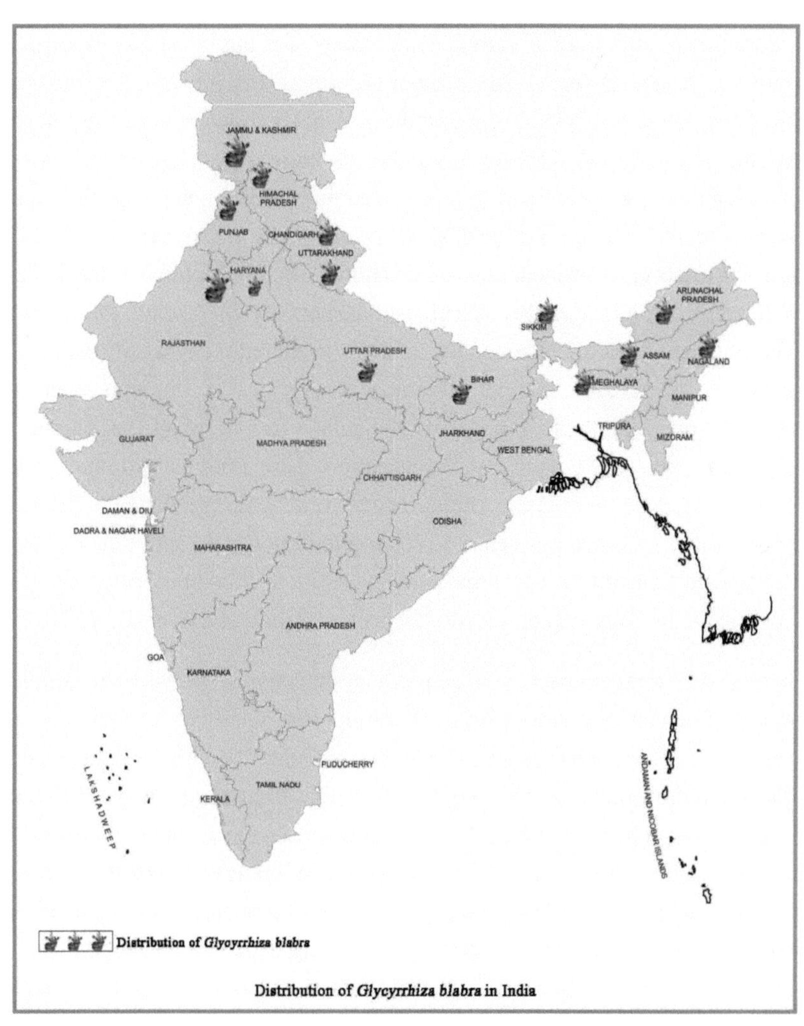

Mapa-2

Fonte: Moléculas bioactivas

Foi identificada uma grande variedade de compostos químicos nas espécies de Glycyrrhiza, a substância é constituída por saponinas triterpénicas, liquiritosídeo, isoliquiritosídeo e pensa-se que é responsável pelas bioactividades do alcaçuz (Pastorino *et al.*, 2018). Devido às diferenças entre as espécies vegetais e as origens regionais, as quantidades destas saponinas e da rotenona podem variar substancialmente. Os polissacáridos, as pectinas, as hormonas esteróides, a sacarose, a glicose, os aminoácidos, os sais minerais e as saponinas triterpenóides são exemplos de polissacáridos e pectinas (Al-Snafi, 2018). O ácido glicirrízico é um outro nome para a glicirrizina, que também se encontra em sais de cálcio e de potássio. A glicirrizina é uma saponina triterpénica e do tipo oleanano, identificada principalmente a partir da radícula e da raiz axial das plantas de Glycyrrhiza, que confere um sabor açucarado. Este produto químico é uma combinação de sais de potássio-cálcio-magnésio do ácido glicirrízico que varia entre dois e vinte e cinco por cento. O ácido glicirrízico, uma saponina natural, é um composto constituído por uma parte hidrofílica, duas moléculas de ácido glucurónico, e um fragmento, o ácido glicirrético (Obolentseva *et al.*, 1999).

As secções subterrâneas de *G. glabra* produziram cerca de 70 produtos químicos fenólicos (Fukai e Nomura, 1997). Os compostos fenólicos encontrados nas plantas de *G. glabra* são cumarinas, fenóis, glicosídeos de chalcona, glicosídeos de flavano, hidroxiflavonas, hidroxiflavonas, ácidos hidroxicinâmicos, chalconas, flavanonas, flavonas, C-glicosídeos, pterocarpanos e cetoisofla-4-enos (3-arilcumarinas) (Nomura *et al.*, 1998). A glifosida é um novo glicosídeo derivado das partes aéreas da *G. glabra* espanhola, com a composição química de 3-d-glucopiranosil-2′-acetato de quercetina, 3-O-diglucósido de kaempferol e monoacetato de astragalina (3-O-glucósido de kaempferol) (Fukai e Nomura, 1998; Litvinenko, 1966). Os principais constituintes fenólicos do alcaçuz foram identificados como glicosídeos de liquiritigenina e isoliquiritigenina, por exemplo, isoliquiritina, liquiritina, apiosídeo de liquiritina (Nomura *et al.*, 1998) e os compostos fenólicos menores incluíam numerosos componentes bioactivos substitutos: cumarinas, cromenos, dihidroestilbenos (Nomura *et al.*, 1998). Glicidinas A-K, novo componente fenólico bioativo isolado (Li *et al.*, 2017).

Os glicoflavonoides vitexina e cis-3-hidroxiflavanona folerogenina foram isolados das partes aéreas da planta e da parte aérea, respetivamente (Lim, 2016). A 7, 2′-di-hidroxi-3′,4′-dimetoxiisoflavana foi identificada como uma fitoalexina extraída das folhas de *G. glabra* (Hayashi *et al.*, 1996). Uma nova flavanona denominada licoflavanona com pinocembrina, cumarinas, xantotoxina (8-metoxi (furano-7,6:2′,3′) cumarina) e bergapten foi isolada de folhas de *G. glabra* (Ammosov e Litvinenko, 2007). Na superfície exterior das folhas jovens, as saponinas e os rotenóides eram abundantes (Lim, 2016).

As culturas de calos e suspensões celulares de *G. glabra* não conseguiram gerar quantidades significativas de glicirrizina, o principal glicosídeo triterpeno do tipo oleanano da raiz espessante, ou seu 11-desoxoderivado (Muller *et al.*, 2014). No entanto, para além do lupeol, o ácido betulínico, um triterpeno do tipo lupano descoberto na casca da raiz, e uma pequena quantidade de amirina, um potencial precursor de triterpenos do tipo oleanano, foram observados em culturas de suspensão celular (Ammosov e Litvinenko, 2007).

Os tecidos dos calos de *G. glabra* foram utilizados para isolar a equinatina e a glabridina. Todas as culturas de calos produzidas a partir de vários órgãos como caule, folha, raiz e hipocótilo de plântulas *de G. glabra* com 1 mês de idade continham ácido betulínico. Também se registou a presença de estigmasterol, sitosterol e quantidades vestigiais de α-amirina e lupeol (Khan *et al.*, 2016). Dois novos derivados de isoflavanona e um novo derivado de 3-arilcumarina foram identificados a partir de alcaçuz *G. glabra* comercialmente disponível, juntamente com uma substância conhecida 3,4-didehydroglabridin (Kinoshita *et al.*, 2005).

Propriedades medicinais

O valor das plantas medicinais mudou consideravelmente com a civilização humana, mas estes bens essenciais foram sempre bem acolhidos pelos seus produtos medicinais úteis e são utilizados por quase todo o mundo. As plantas medicinais e os medicamentos extraídos destas plantas são habitualmente utilizados em sistemas de cura antigos em todo o mundo, e estão a tornar-se cada vez mais prevalecentes na cultura dominante como alternativas aos produtos químicos sintéticos. *A Glycyrrhiza glabra* Linn. é uma espécie-alvo de grande importância comercial que tem sido amplamente utilizada na medicina tradicional. As raízes e os rizomas da *G. glabra* são utilizados como agente anti-inflamatório no tratamento de reacções alérgicas, bem como como propriedades antibacterianas, antiulcerosas, expectorantes e ansiolíticas na medicina tradicional (Batiha *et al.*, 2020).

O alcaçuz é um medicamento versátil utilizado para tratar problemas gastrointestinais na Índia e na China. É um laxante suave que reduz os espasmos musculares e acalma e tonifica as membranas mucosas. Os extractos de alcaçuz demonstraram, em ensaios clínicos, ser mais eficazes do que os conhecidos substitutos sintéticos. Contém uma grande quantidade de diosgenina, que está a ser estudada como antioxidante, preventivo do cancro, estimulante herbal e para algumas actividades imunológicas, incluindo a produção de interferão. Funciona como um anti-mutagénico, o que significa que protege o material genético de danos que podem levar ao cancro.

Pensa-se que o rizoma do alcaçuz tem propriedades expectorantes e carminativas, bem como uma atividade depressiva, bactericida, hipolipidémica, virósida, espasmolítica, fungiscida, anti-esclerótica, antiulcerogénica, hepatoprotectora, hipotensiva, antimutagénica, antipirética e antidiurética (Isbrucker e Burdock, 2006). Foram documentados muitos efeitos medicinais do alcaçuz, incluindo a capacidade de melhorar a função do cortisol, de diminuir a produção de testosterona, particularmente nas mulheres, de apresentar uma atividade semelhante à do estrogénio e de diminuir a gordura corporal (Tominaga *et al.*, 2006).

O alcaçuz contém qualidades anti-úlcera, anti-inflamatórias, espasmolíticas, anti-oxidativas, cardioprotectoras, citotóxicas, purgativas, contravariantes, antitumorais e de reforço da memória (Damle *et al.*, 2014).

A glabridina, um isoflavonóide prenilado encontrado nas raízes da G. glabra, tem sido relacionada com propriedades antioxidantes, anti-inflamatórias, neuroprotectoras, estrogénicas, anti-osteoporóticas, anti-aterogénicas, regulação metabólica vital e branqueamento da pele (Simmler *et al.*, 2013). Uma investigação sobre as suas propriedades farmacológicas revelou que a planta tem propriedades antitumorais, antibacterianas, anti-HIV e antioxidantes (Saxena, 2017). Consequentemente, é um tratamento eficaz para doenças femininas relacionadas com as hormonas. A raiz é utilizada numa variedade de fórmulas como reforço de força, nomeadamente para o baço e o estômago. As raízes *de G. glabra* são utilizadas em doenças genito-urinárias como tónico, demulcente, laxante e emoliente (Damle *et al.*, 2014). O isolamento das raízes com base na bioatividade levou à identificação do ácido 18-glicirretínico como um importante agente antituberculoso (Kalani *et al.*, 2015).

Estudos *in vitro* de *G. glabra*

A micropropagação de *Glycyrrhiza glabra* L. foi efectuada em meio mínimo, utilizando explantes de pontas de rebentos e nodais, tendo-se verificado que as suas taxas de multiplicação eram muito elevadas. No meio de murashige e skoogs suplementado com N6 benziladenina, verificou-se um rácio de multiplicação melhorado de 1:10. A regeneração *in vitro* de alcaçuz foi efectuada utilizando segmentos nodais como explantes, e foi observada uma multiplicação de 100% em meio MS suplementado com BAP (0,5 mg/l) e NAA (0,05 mg/l) (Thengane *et al.*, 1998). Os explantes de rebentos foram gerados em meio MS com níveis mais elevados de BAP e NAA. O meio MS de força total suplementado com IBA resultou num melhor enraizamento *in vitro* (Patel e Shah, 2007). A proliferação de rebentos foi efectuada utilizando o meio de cultura B5.5B.5N+BA+NAA para obter uma maior resposta para o enraizamento B5.5I+IBA provou obter uma boa proliferação de raízes. Após o endurecimento, as plântulas regeneradas foram cultivadas com sucesso no campo (Sharma *et al.*, 2010). A adenina citocinina (BA e Kn) e os derivados de fenil ureia (TDZ) foram utilizados para a regeneração de rebentos. Quando comparados com o TDZ, os derivados de adenina de ocorrência natural revelaram-se superiores para a multiplicação de rebentos. *In vitro*, o regulador de crescimento BAP estimula os botões adventícios em órgãos e tecidos excisados (Badkhane *et al.*, 2014). Os explantes nodais foram recolhidos entre maio e agosto e inoculados em meio MS com 6- BAP e NAA. Foram formados múltiplos rebentos da primeira à quarta cultura sob fotoperíodo de 16/8 h de luz e pouco brilho (Yadav e Singh, 2012).

A conservação dos ápices de rebentos de *G. glabra* foi efectuada em circunstâncias de crescimento lento. As culturas de crescimento lento foram geradas através da diminuição da temperatura de incubação e da intensidade da luz. Uma dose muito baixa de hormonas de crescimento (BAP e IAA) aplicada ao meio de conservação ajudou na recuperação total dos rebentos. Uma pequena quantidade de BA (0,1 mgL^{-1}) e IAA (0,05 mgL^{-1}) demonstrou ser útil para a recuperação dos rebentos conservados. Foram utilizadas diferentes combinações de agentes osmóticos, como sacarose, sorbitol e manitol, para prolongar o tempo de subcultura, com 20 gm/l de manitol, que se adequa a apenas uma subcultura por ano, sendo ideal para a conservação de crescimento lento (Srivastava *et al.*, 2013).

A embriogénese somática é o processo de produção de plantas completas a partir de embriões desenvolvidos em culturas de calos feitos a partir de explantes somáticos *in vitro*. Há pouca informação disponível sobre o uso de técnicas de micropropagação para o crescimento de *Glycyrrhiza glabra* L. (Chunhua *et al.,* 2010). Num meio MS, foi realizada uma experiência utilizando auxinas como NAA e 2,4-D, 6-BA como reguladores de crescimento de plantas citocininas na gama de 0,5 - 2,0 mg/l, e calos bem desenvolvidos produzidos a partir de explantes foram escolhidos para serem transferidos para meios MS com hormonas adequadas para subcultura. A maior taxa de indução foi de 96% em meio MS com 0,5 mg/l de 2,4-D e 2 mg/l de 6-BA e uma estrutura leve e compacta (Wawrosch *et al.,* 2009; Kakutani *et al.,* 1999).

Em meio Murashige e Skoog contendo 2,0 mg/L de 6- benzilaminopurina e 0,5 mg/L de ácido 2,4-diclorofenoxiacético, os explantes de hipocótilo têm a maior frequência de formação de calos de 93,3 por cento, e os explantes de hipocótilo têm a maior frequência de formação de calos de 93,3 por cento. A maior eficiência embrionária foi obtida em meio MS com 0,5 mg/L 6-BA + 0,5 mg/L cinetina + 0,1 mg/L ácido indol-3-butírico (Chunhua *et al.,* 2010).

Estudos moleculares

Para avaliar as alterações geradas pela cultura de tecidos, as técnicas moleculares superam a observação fenotípica. A qualidade dos embriões somáticos influencia a geração de plantas fiéis ao tipo em plantas regeneradas por embriogénese somática (Raina, 2000). Muitos autores afirmaram que a desdiferenciação dos tecidos vegetais resulta em alterações genéticas; no entanto, vários estudos também provaram a integridade genética das plantas produzidas por cultura de tecidos. A estabilidade genética de micro rebentos encapsulados de *Glycyrrhiza glabra* L. foi avaliada utilizando ISSR e RAPD após 6 meses de armazenamento (Mehrotra *et al.,* 2012). A cultura de raízes peludas de *G. glabra* L. produz glicirrizina e isoliquiritigenina. As raízes pilosas foram geradas em culturas de raízes pilosas *de G. glabra* através da inoculação de explantes de folhas e caules com a estirpe *A. rhizogenes*, resultando na síntese de substâncias bioactivas como a glicirrizina e a isoliquiritigenina (Shirazi *et al.*, 2012).

Utilizando um método in silico, o composto ativo do alcaçuz foi testado contra vários alvos proteicos da COVID-19. Utilizando dois alvos proteicos da COVID-19, a glicoproteína spike e a endoribonuclease da proteína não estrutural 15, o software Autodock vina foi utilizado para efetuar um estudo de simulação de acoplamento molecular de 20 compostos, bem como de dois medicamentos antivirais tradicionais (Rivabirina e Lopinavir). A gliasperina A tem uma forte afinidade para a endoribonuclease Nsp15 com especificidade para a uridina, de acordo com a energia de ligação e as interações de ligação descritas, mas o ácido glicirrízico é mais adequado para a bolsa de ligação da glicoproteína spike e também inibe a entrada viral na célula hospedeira (Sinha *et al.*, 2020). Todos os três compostos activos de ácido glicirrízico, liquiritigenina e glabridina mostram potencial para serem inibidores potentes da Mpro do SARS-CoV2, embora o ácido glicirrízico tenha uma afinidade de ligação mais elevada e melhores caraterísticas ADMET do que os outros dois (Srivastava *et al.*, 2020).

Investigação

Várias plantas medicinais são utilizadas em fórmulas poli-herbáceas ayurvédicas para o tratamento da demência, e muitas plantas medicinais estão a demonstrar propriedades de reforço da memória. As raízes e os rizomas de

A G. glabra é um tónico cerebral eficaz, aumentando a circulação no Sistema Nervoso Central e equilibrando os níveis de açúcar no sangue (Rathee *et al.*, 2008). Na demência induzida por escopolamina, o alcaçuz melhora drasticamente a aprendizagem e a memória. Foi estabelecido que os radicais livres de oxigénio e outros produtos metabólicos oxidativos são neurotóxicos (Sayre *et al.*, 1997). O efeito protetor do extrato de alcaçuz pode dever-se à sua atividade antioxidante, que expõe as células cerebrais susceptíveis a um menor stress oxidativo, o que resulta numa redução dos danos cerebrais e numa melhoria da função neuronal, melhorando assim a memória (Dhingra *et al.*, 2004).

Os antioxidantes podem proporcionar proteção contra o stress oxidativo, reduzindo o stress oxidativo, bloqueando a peroxidação lipídica e muitos outros processos, prevenindo assim as doenças. Os antioxidantes são atualmente utilizados como inibidores de radicais livres nos alimentos para preservar a frescura, o sabor e o odor durante períodos de tempo mais longos (Panchawat *et al.*, 2010). As raízes de *G. glabra* podem ser uma fonte de antioxidantes e inibidores da urease. A prevenção da peroxidação lipídica induzida pela radiação em microssomas de fígado de rato foi estudada utilizando o extrato de *G. glabra*. Os componentes químicos são a glicirrizina, as flavonas e as cumarinas. A sua atividade é demonstrada pela sua capacidade de eliminação de radicais livres

(Naik *et al.*, 2003).

Três extractos de diferentes polaridades das folhas de *G. glabra* L. foram caracterizados e avaliados quanto a propriedades anti-inflamatórias, anti-genotóxicas e antioxidantes (Siracusa *et al.*, 2011). O extrato etanólico das raízes de *G. glabra* tem uma atividade antioxidante significativa e protege contra o sistema oxidativo das lipoproteínas humanas utilizando um modelo *in vitro* (Visavadiya *et al.*, 2009). Os benefícios hipocolesterolémicos e antioxidantes da raiz de *G. glabra* parecem ser mediados pelo aumento da síntese hepática de ácidos biliares, pela eliminação mais rápida do colesterol, dos esteróis neutros e dos ácidos biliares através da matéria fecal e pela melhoria da concentração hepática de SOD, catalase e ácido ascórbico (Visavadiya e Narasimhacharya, 2006). Foram utilizados bioensaios de DPPH, difusão de disco e letalidade de artémia para avaliar as actividades de eliminação de radicais livres, antibacterianas e citotóxicas de um extrato metanólico de *G. glabra* (Sultana *et al.*, 2010).

Valor medicinal

Desde a antiguidade que o alcaçuz é utilizado como medicamento à base de plantas. Atualmente, é uma especiaria muito utilizada com efeitos farmacológicos benéficos. No entanto, vários artigos indicam que o alcaçuz tem efeitos nocivos para a saúde. A hipertensão e as doenças secundárias induzidas pela hipocalemia são os efeitos adversos mais graves do alcaçuz e da glicirrizina. A hipocalemia, o tempo de trânsito gastrointestinal prolongado, a diminuição das actividades da 11-beta-hidroxiesteróide desidrogenase de tipo 2, a hipertensão, a anorexia nervosa, a idade avançada e o sexo feminino contribuem para os efeitos negativos do alcaçuz (Nazari *et al.*, 2017).

Há mais de 60 anos que os extractos de alcaçuz são utilizados no Japão para tratar a hepatite crónica e as infecções. Verificou-se que vários vírus ARN e ADN são inibidos pela glicirrizina e pelo ácido glicirrízico, o que inibe a sua proliferação e citopatologia. Os compostos fenólicos do alcaçuz têm uma ação anti-VIH e foram utilizados para impedir o desenvolvimento de células gigantes induzidas pelo VIH nas células molt-4 (Sasaki *et al.*, 2002). Foi demonstrada uma maior eficácia anti-UV da Glycyrrhiza contra a hepatite A e C, contra o cancro e o Herpes simplex (Matsumoto *et al.*, 2013; Wang e Nixon, 2001; Rossum e Man, 1998).

Foi constatada a eficácia fungicida do extrato metanólico de alcaçuz contra *F. oxysporum, Arthrinium sacchari* e *Chaetomium funicola*. Descobriu-se que a glabridina é a molécula ativa responsável pela ação antifúngica (Fatima *et al.*, 2009; Sato *et al.*, 2000 e Abkhoo e Jahani, 2017). Os isoflavonóides são o glabrol, a glabridina e os seus derivados inibem *o Mycobacterium smegmatis* e *a Candida albicans in vivo* (Messier e Grenier, 2011). Como resultado, o extrato de alcaçuz tem um elevado potencial de utilização na formulação de produtos cosméticos anti-sépticos (Messier e Grenier, 2011).

Devido à presença de metabolitos secundários, tais como saponinas, Diosgenina, Rotenona, Deguelina, Sumatrol e Elliptona, o extrato de raiz hidrometanólico de *G. glabra* tem uma forte atividade antibacteriana (Varsha *et al.*, 2013). Experiências *in vitro* mostraram que os extractos etanólico e aquoso de alcaçuz suprimem o crescimento de culturas de *Staphylococcus aureus* e *Streptococcus pyogenes* (Irani *et al.*, 2010). A isoliquiritigenina e a liquiritigenina são estruturalmente semelhantes e estão presentes numa série de plantas. Na era pós-antibiótica, o desenvolvimento de novas combinações antimicrobianas para combater as infecções por *Staphylococcus aureus* é fundamental (Gaur *et al.*, 2016).

A protease principal do SARS-CoV-2, a proteína Spike e a RNA polimerase dependente de RNA, bem como o recetor da enzima conversora de angiotensina humana dois e a protease furina, são resistentes aos fitoquímicos *de G. glabra*. Os fitoquímicos selecionados identificados em Yashtimadhu são semelhantes a medicamentos in silico e têm uma farmacocinética prevista. Vários fitoquímicos encontrados nesta planta interagem com proteínas essenciais do SARS-CoV-2, que são necessárias para a infeção e replicação viral (Maurya *et al.*, 2020). A espironolactona e a glicirrizina, os principais compostos das raízes da *G. glabra*, podem ter um efeito benéfico nas infecções por Covid-19. Com base em relatórios sobre a eficácia antiviral do alcaçuz no SARS-coronavírus e noutras infecções virais, o tratamento com alcaçuz pode ser investigado (Armanini *et al.*, 2020).

Importância económica

Seguem-se alguns dos artigos mais comercializados *de G. glabra* que são bem aceites no mercado mundial: Herbolax (Laxa Care), Himcocid, Koflet (Cough Care), Menosan, xarope de Septilin, Septilin, creme antirrugas, Rumalaya forte, Geriforte Aqua, Baby Lotion, Lioele Magic Lip treatment, Himpyrin, Geriforte

Vet, Regurin, Himpyrin Vet, Yashti-madhu e Lioele Cosmetic Co. [Coreia].

A G. glabra foi considerada uma das principais plantas necessárias para a indústria farmacêutica indiana num estudo do grupo de trabalho da Comissão de Planeamento sobre a manutenção e a utilização sustentável de plantas medicinais em Nova Deli. A procura desta planta, estimada em 5000 toneladas por ano, é principalmente suprida por importações do Paquistão, do Irão e do Afeganistão, o que requer ajuda para a produção interna. Ainda não houve um esforço coordenado para salvar, cultivar cuidadosamente e colher essas plantas, a fim de restaurar o suprimento esgotado (Badkhane *et al.*, 2014).

Apesar do seu enorme potencial terapêutico, a planta está a desaparecer progressivamente da natureza devido à sobre-exploração, à degradação ambiental e à falta de produção autóctone.

A G. glabra L. é frequentemente propagada vegetativamente por estacas, mas este processo é lento e requer uma grande quantidade de plantas-mãe para ser preservado. As plantas cultivadas a partir de sementes desenvolvem-se a um ritmo de caracol (Hayashi e Sudo, 2009). Assim, a propagação em larga escala utilizando a tecnologia de cultura de tecidos pode ser uma alternativa viável para garantir a disponibilidade de material de plantação de alta qualidade para o cultivo em larga escala e satisfazer a procura medicinal cada vez maior da planta (Badkhane *et al.*, 2014).

Capítulo III

Trabalho experimental

As experiências de investigação foram realizadas principalmente em culturas de tecidos, estudos bioquímicos, ensaios enzimáticos e atividade antimicrobiana de compostos bioactivos presentes na folha, caule e tecido de crescimento *in vitro* de *T. cordifolia* e *G. glabra*. Os pormenores da recolha de material vegetal, a sua extração e os métodos utilizados em várias experiências de investigação são explicados a seguir.

Desenhos experimentais

Foram concebidas várias experiências para o presente estudo e os pormenores do plano de investigação são apresentados na secção "Esquema da experiência".

ESQUEMA DAS EXPERIÊNCIAS

I)   Desenvolvimento de protocolos de indução de calos *in vitro* a partir dos seguintes explantes de *T. cordifolia* e *G. glabra* utilizando diferentes concentrações de hormonas de crescimento vegetal.

1)   Segmentos nodais

2)   Avaliação físico-química de metabolitos vegetais de

T. cordifolia* e *G. glabra

Identificação e ensaios quantitativos de metabolitos primários

3)   **Análise bioquímica de *T. cordifolia* e *G. glabra in vivo***

e *in vitro*.

1)   Testes qualitativos e quantitativos de metabolitos secundários de folhas secas, caule e calo.

2)   GC-MS

4)   Bioensaio antimicrobiano em extractos de etanol e benzeno:

A)   Bioensaio antibacteriano:

a)   *Escherischia coli*

b)   Bacillus subtilis

c)   *Staphylococcus aureus*

d)   *Streptomycese griseus*

B)   Bioensaio antifúngico:

a)   *Candida albican*

b)   *Penicillium funiculosum*

c)   *Trichoderma reesei*

d)   *Fusarium oxysporum*

5)   Ensaio antioxidante de sementes *de T. cordifolia* e *G. glabra*, caule e folhas, incluindo calos, utilizando diferentes solventes

A)   FRAP

B)   Catalase

C)   Peroxidase

I) ESTUDOS DE CULTURA DE TECIDOS

A.   Seleção de explantes:

No presente estudo foram utilizados os seguintes explantes:

1.   Segmentos nodais - As plantas jovens e imaturas forneceram segmentos nodais para serem utilizados como explantes.

B.   Meio de cultura

O meio MS foi utilizado para todos os estudos de cultura de tecidos (Murashige e Skoog, 1962; **Quadro 1**)

1.   *Preparação de reservas:* As soluções de reserva das fito-hormonas (auxinas e citocininas) foram preparadas dissolvendo 20 mg em 100 ml de DH_2 O. Tanto as auxinas como as citocininas foram inicialmente dissolvidas em algumas gotas de 1N NaOH (hidróxido de sódio)/ C H_{25} OH (etanol) e 1N HCl (ácido clorídrico), respetivamente, e até ao volume de 100 ml de DH_2 O esterilizado em frasco esterilizado e armazenado no frigorífico a 4°C.

2. Preparação do meio: Para a preparação do meio, foi utilizado o produto Himedia MS medium PT021 (Murashige e Skoog, 1962), sem sacarose, juntamente com cloreto de cálcio. Os constituintes do meio MS são apresentados no Quadro 1. Este pó de meio MS foi armazenado no frigorífico a 2-8°C devido à sua natureza higroscópica.

Tabela. 1. Preparação e composição do meio MS (Murashige e Skoog, 1962)

Soluções de stock	Componentes	Conc. na solução-mãe $(gL)^{-1}$	Volume da solução-mãe no meio final $(mL)^{-1}$	Concentração final no meio $(mgL^{-1)}$
A	NH4NO3	82.50	20	1650.00
B	KNO3	95.00	20	1900.00
C	H3BO3	1.24		6.20
	KH2PO4	34.00		170.00
	KI	0.166	5	0.83
	Na2MoO4.2H2O	0.05		0.25
	CoCl2.6H2O	0.005		0.025
D	CaCl2.2H2O	88.0	5	440.00
E	MgSO4.7H2O	72.0		360.00
	MnSO4.4H2O	4.46		22.30
	ZnSO4.7H2O	1.72	5	8.60
	CuSO4.5H2O	0.005		0.025
F	Na2EDTA	7.45		37.25
	FeSO4.7H2O	5.57	5	27.85
G	Tiamina HCl	0.02		0.10
	Ácido nicotínico	0.10		0.50
	Piridoxina HCl	0.10	5	0.50
	Glicina	0.40		2.00

	Sacarose			30 gL-1
	Meso-inositol			100 mgL-1
	Ágar			8-10 gL-1
	pH (antes da pavimentação automática)			5.8

Para a preparação dos meios de cultura, dissolveu-se MS Himedia em pó (4,4 g/l) em 400 ml com agitação constante e suave. Após dissolução completa, adicionou-se 30 g/l (3%) de sacarose. Foram também misturadas soluções de reserva dos reguladores de crescimento necessários, quer isoladamente quer em várias combinações de Auxina e Citocininas. Utilizou-se NaOH ou HCl 0,1N para modificar o pH da solução para 5,75±0,5. Depois disso, adicionou-se 8 g/l de ágar (agente gelificante) e o meio foi aquecido até à ebulição, até o agente gelificante estar completamente dissolvido no forno de micro-ondas (Samsung modelo CE73JD). Depois de misturar corretamente todos os ingredientes (meio MS em pó, sacarose, reguladores de crescimento e ágar), diluiu-se o meio com DH_2O até um litro.

C. Técnica asséptica

1. **Esterilização da superfície e inoculação:** Cerca de 30 ml do meio foram distribuídos por frascos de cultura individuais (capacidade de 100 ml, frasco cónico Erlenmeyer). A boca dos frascos de cultura foi então firmemente tapada com algodão não absorvente. Estes frascos de cultura foram autoclavados (autoclave vertical YORCO) a 121°C e 15 psi durante 20 minutos. Todos os frascos esterilizados foram ~~tube~~ deixados a repousar à temperatura ambiente. O meio foi vertido em frascos (35 ml) e colocado no quarto escuro durante 1 dia antes da cultura. A inoculação dos explantes e a transferência do tecido do calo foram efectuadas na plataforma da mesa de trabalho do fluxo de ar laminar. Esta foi limpa com álcool e irradiada com luz UV (254 nm) durante 25 minutos. Os frascos de meios de cultura, os instrumentos de aço inoxidável, como pinças, bisturi, tesouras, placas de Petri, frasco de acoplamento, frascos contendo DH_2O foram todos esterilizados antes de serem utilizados no fluxo de ar laminar. A luz UV foi desligada durante 15-20 minutos antes de abrir a porta do fluxo de ar laminar. Os instrumentos, como pinças, bisturi e tesouras, foram imersos em álcool etílico, colocados na chama da lâmpada de álcool e arrefecidos antes de

serem utilizados. As folhas esterilizadas e os segmentos nodais foram transferidos assepticamente para os frascos de cultura esterilizados.

2.   **Incubação:** Os frascos de cultura foram incubados na câmara de cultura. A intensidade da luz (1200 lux) foi fornecida por tubos fluorescentes (40 watts) e lâmpadas incandescentes, e a temperatura da câmara foi mantida a 25±10 C utilizando um aparelho de ar condicionado (40 watts). O fotoperíodo foi fixado em 16 horas. As culturas foram examinadas e avaliadas todas as semanas, tendo sido obtidos os dados morfogenéticos finais.

3.   *Manutenção da cultura:* Quando os segmentos nodais cultivados *in vitro* foram fornecidos com diferentes hormonas de crescimento, ocorreu a formação de calos.

a.   Procedimento de subcultura:

(i) Calos - As culturas primárias foram colhidas com calos que foram sectorizados em pequenos pedaços e depois transferidos para um meio novo a cada 4-6 semanas após o início da cultura e conservados durante 10 semanas.

2. AVALIAÇÃO FÍSICO-QUÍMICA DOS METABOLITOS DAS PLANTAS

A. Isolamento, identificação e quantificação de metabolitos primários

Partes de plantas saudáveis e frescas selecionadas de *Tinospora cordifolia* (folha e caule) e *Glycyrrhiza glabra* (folha e caule), bem como tecido de calo de ambas as plantas, foram colhidas no distrito de Jaipur (Coordenadas: Latitude 26.853912, Longitude 75.797386). As plantas recolhidas foram reconhecidas e autenticadas pelo botânico e apresentadas no Herbário, Departamento de Botânica, Universidade de Rajasthan, Jaipur, Rajasthan. Os números de registo foram dados como RUBL* N.º 211669 para *Tinospora cordifolia* Miers. e RUBL* N.º 211670 para *Glycyrrhiza glabra* Linn. Ambas as plantas foram isoladas e lavadas cuidadosamente três vezes, repetidas vezes, com água corrente da torneira, antes de serem secas ao ar, à sombra. O material vegetal foi pulverizado e utilizado para investigação fitoquímica após secagem à sombra.

1. Hidratos de carbono

(a) Açúcares solúveis totais

(i) *Extração:* O material seco homogeneizado (50 mg) foi deixado durante a noite com 20 mL de etanol a 80% separadamente. A amostra foi centrifugada (1200 rpm durante 15 minutos) e os sobrenadantes foram recolhidos e concentrados num banho de H_2O utilizando o método de (Loomis e Shull, 1973). O DH_2O foi misturado até um volume de 50 mL antes de ser analisado para identificação quantitativa.

(b) Amido

(i) *Extração:* A acumulação residual obtida após a extração dos açúcares solúveis totais de cada amostra foi equilibrada em ácido perclórico (5 mL) (Mc Cready *et al.*, 1950). Em seguida, aplicaram-se 6,5 mL de H_2O a cada amostra e a mistura foi agitada durante 5 minutos.

(ii) *Estimativa quantitativa:* Alíquotas de 1 ml de amostras foram elavadas de hidratos de carbono utilizando o método do fenol e H_2SO_4 de (Dubois *et al.*,

1951). Foi preparada uma curva de regressão típica para o açúcar (glucose). Em DH_2 O, foi preparada uma elucidação de glicose (100g mL^{-1}). Pipetou-se 0,1 a 0,8 mL desta solução para tubos de ensaio e o volume foi aumentado com água pura (1 mL). Estes tubos foram mantidos em gelo e fenol (1 mL) foi aplicado em cada um e agitado suavemente. Conc. O ácido sulfúrico (5 mL) foi rapidamente vertido para os tubos, permitindo que o vapor entrasse no óleo, e os tubos foram ligeiramente agitados durante a adição do ácido. Finalmente, a mistura foi deixada a repousar durante 20 minutos num banho de água aquecido a 26-30°C. A cor amarela alaranjada foi estabelecida como caraterística distintiva. A DO foi calculada a 490 nm com um espetrofotómetro (Carl Zeiss, Jena DDR, VSU 2 P) regulado para centrar a percentagem de difusão em relação ao branco. Seguindo a lei de Lambert Beer, foi calculada uma curva de regressão média entre concentrações conhecidas de glucose e as respectivas densidades ópticas. Ambas as amostras foram avaliadas da mesma forma, como referido no início, e a totalidade dos teores de açúcares solúveis e de amido foi determinada por comparação da densidade ótica de cada amostra com uma curva-padrão.

2. Proteínas

(i) Extração: O teste de investigação (50 mg) foi homogeneizado independentemente em 10 mL de ácido tricloroacético (TCA) gelado a 10% durante trinta minutos e armazenado a 40°C durante 1 dia. Foram efectuadas centrifugações separadas destas misturas e os sobrenadantes não foram necessários. Cada resíduo foi suspenso em TCA (10 mL) e aquecido durante 30 minutos num banho de H_2 O a 800 graus Celsius. As alíquotas foram primeiro arrefecidas à temperatura ambiente e depois centrifugadas para eliminar os sobrenadantes. O restante foi então pulverizado com H_2 O purificado, para dissolver em 10 ml de NaOH 1N, e reservado à temperatura ambiente durante a noite (Osborne, 1962).

(ii) Estimativa quantitativa (**Lowry** *et al.*, **1951**): As amostras foram estimadas utilizando o espetrofotómetro para o teor de proteínas totais. Foi preparada uma curva de regressão. Para calcular a curva de regressão, foram tomadas réplicas (5) de cada concn, e o sinal habitual foi traçado. Ambas as amostras foram determinadas de forma a que a concentração fosse determinada por comparação com a proteína. Foi determinado o valor médio de cinco réplicas de cada concentração.

3. Lípidos

(i) Extração e quantificação: A amostra foi seca e pulverizada, e 100 mg foram macerados em 10 mL de DH_2O antes de serem transferidos para um frasco cónico contendo 30 mL de clorofórmio e metanol (Jayaram, 1981). As camadas de clorofórmio foram secas *no vácuo* e pesadas. Cada tratamento foi repetido três vezes e os seus valores médios foram calculados.

4. Fenóis

(i) Extração: Os materiais de teste desproteinizados (200 mg cada) foram macerados durante 2 horas em 10 ml de etanol a 80% antes de serem deixados à temperatura ambiente durante a noite. As misturas foram centrifugadas e os sobrenadantes foram extraídos separadamente e mantidos a um volume de 40 ml, adicionando etanol a 80%.

(ii) Estimativa quantitativa: O teor de fenol total em cada amostra foi estimado pelo método espetrofotométrico de (Bray e Thorpe, 1954). Este método inclui a preparação de uma curva de regressão de fenol padrão (ácido tânico). Para criar uma curva de regressão, a densidade ótica de cada amostra foi traçada contra a concentração de fenóis totais. As concentrações nas amostras de ensaio foram determinadas comparando a densidade ótica de cada amostra de ensaio com a curva padrão de ácido tânico.

3. ISOLAMENTO, IDENTIFICAÇÃO E QUANTIFICAÇÃO DE METABOLITOS SECUNDÁRIOS

1. Sapogenina esteroidal

(i) ***Extração:*** As folhas secas, os tecidos secos do caule e os calos de *Tinospora cordifolia* e *Glycyrrhiza* glabra foram esmagados, pesados e desengordurados independentemente em equipamento soxhlet em éter de petróleo durante um dia num banho de H_2O e dissolvidos com HCl etanólico a 15% durante 4h (Tomita *et al.*, 1970). Cada dissolução foi extraída três vezes com acetato de etilo. As fracções de acetato de etilo foram coleccionadas e lavadas até à neutralidade com DH_2O antes de serem secas no vácuo, reformadas em clorofórmio, desgastadas, secas e calculadas. Cada amostra de investigação foi repetida três vezes. Placas de vidro finas revestidas com gel de sílica (250 m de largura) foram secas antes de serem activadas a 1000C durante 30 minutos. Para as investigações qualitativas e quantitativas, foram utilizadas placas activas de fabrico recente. Separadamente, foram pulverizadas, medidas e dissolvidas em éter de petróleo durante 24 horas num banho de água num dispositivo de soxhlet.

(ii) ***Análise Qualitativa***

Cromatografia de camada fina (TLC) - Os isolados de sapogenina esteroide sem corte de cada lote, bem como a sapogenina esteroide de referência, foram avaliados por TLC. As placas foram preparadas num solvente específico de clorofórmio, hexano e acetona (23:5:2), secas e depois tratadas com ácido sulfúrico concentrado a % e solução de anisaldeído, independentemente (Bennet e Heftmann, 1962). A existência de regiões escuras contínuas e a reação de luminescência foram ambas registadas. Todas as durações estimadas para a introdução inicial de uma reação de cor, a cor durante o dia e depois de 10 minutos de aquecimento, e a cor na lâmpada UV (360nm) foram registadas. Foram também examinadas soluções alternativas de solventes, como o benzeno e o acetato de etilo (85:15) (Heble *et al.*, 1968) e a acetona e o benzeno (1:2) (Khanna e Jain, 1973), mas o esquema de solventes clorofórmio, hexano e acetona (23:5:2) funcionou substancialmente melhor. Após três repetições, foram calculados os valores Rf.

- **Cromatografia em camada fina preparativa (PTLC)** - Em placas de filtração em gel G, a diosgenina foi extraída com êxito do extrato de sapogenina esteroide a granel utilizando PTLC com misturas de solventes de clorofórmio, hexano e acetona (23:5:2). A pulverização de uma solução de anisaldeído em algumas das linhas de cada placa indicou pontos na PTLC, e os pontos necessários para corresponder à diosgenina padrão foram destacados e extraídos independentemente das placas/colunas não pulverizadas. A operação foi retomada até terem sido extraídos cerca de 20 miligramas de partículas farmacêuticas. Para determinar a pureza dos compostos separados, utilizou-se a co-CTL do material extraído cristalizado com um sinal de comparação (diosgenina padrão). Foi também utilizada uma solução de tricloreto de antimónio em HCl conc. para examinar os resultados da análise (Kadkade *et al.*, 1976). A diosgenina foi cristalizada a partir de metanol-acetona e examinada para ensaios de mp, mmp e espectros de infravermelhos após PTLC (Kaul e Staba, 1969).

- **Espectrofotometria para a diosgenina** - Para estimar as quantidades de diosgenina em cada amostra, foi utilizada a abordagem espectrofotométrica de (Sanchez *et al.*, 1972).

Separou a solução-padrão da curva de regressão dadiosgenina normal em clorofórmio no início de várias concentrações (20g a 200g) feitas e separadamente práticas em placas de sílica gel G com camada fina. As placas foram desenvolvidas em clorofórmio orgânico, hexano e acetona (23:5:2), juntamente com uma série paralela de ensaios em branco, antes de serem secas e expostas a vapores de iodo. A mancha amarela escura resultante e as manchas correspondentes no branco foram etiquetadas e aquecidas a 1000°C durante 15 m para se dissolverem em iodo. Cada ponto visível foi raspado juntamente com o adsorvente, transferido para um tubo de ensaio diferente e eluído com 5 ml de metanol. Após centrifugação da combinação, o sobrenadante foi transferido para outro tubo de ensaio e evaporado até à secura. Aplicou-se 4 ml de ácido sulfúrico metanólico a 80% aos resíduos secos e deixou-se à temperatura ambiente durante cerca de 2 horas, agitando ocasionalmente. A DO da combinação de amostras foi medida a 405 nm em comparação com uma elucidação em branco (80% CH -H_{32} SO_4). A densidade ótica média foi determinada utilizando três réplicas de cada concentração. A regra de Beer foi utilizada para calcular uma curva de regressão que liga diferentes concentrações e as suas densidades ópticas individuais.

As amostras de extrato bruto de cada tecido vegetal foram vertidas em clorofórmio e colocadas em placas de sílica-gel G, juntamente com um indicador normal semelhante à diosgenina, formado numa combinação de solventes de clorofórmio, hexano e acetona (23:5:2), para secar depois de exposto a vapores de iodo.

As manchas amarelas escuras resultantes foram delineadas em cada recipiente, raspadas, misturadas com metanol, para secar e, em seguida, reagir com 80% CH_3 - $H_2 SO_4$ como descrito acima. A concentração de diosgenina em cada amostra foi determinada utilizando a DO na curva normal, e os resultados foram obtidos numa fonte de massa seca. Cada estudo foi repetido três vezes e os valores médios foram determinados.

2. Rotenóides

(i) **Extração:** As folhas secas de *Tinospora cordifolia* e *Glycyrrhiza glabra*, os tecidos do caule e os calos foram pulverizados para estimar os rotenóides. O material vegetal seco foi pulverizado separadamente e processado durante 72 horas à temperatura ambiente com acetonitrilo embebido em n-hexano (Delfel, 1973). Separadamente, cada amostra foi purificada e concentrada no vácuo até à secura. Os extractos foram misturados e dissolvidos em acetona, filtrados e o depósito foi colocado numa coluna de alumina inerte para eliminar as impurezas. A eluição foi efectuada com acetona indefinidamente até que a última eluição não produzisse bons resultados de TLC. As várias fracções do conteúdo bruto de rotenóides em partes separadas da planta foram agrupadas, secas e pesadas para estudo posterior.

(ii) Análise Qualitativa

• **Cromatografia de camada fina (TLC)** - A TLC foi efectuada para a identificação de rotenóides. Os diferentes extractos destilados foram dissolvidos em acetona, colocados em placas de TLC com os vários compostos de referência (resina derris, rotenona, deguelina, eliptona) e formados separadamente em dois sistemas de solventes de (Delfel e Tallent, 1969). Clorofórmio, acetona e ácido acético (96:3:1) e clorofórmio e éter dietílico (95:5). (1966). Imediatamente após a pulverização, apareceram algumas manchas coloridas e estas placas foram então aquecidas numa estufa a 120° C durante 20 minutos para superar a formação final de manchas coloridas diferentes, que se adequavam aos respectivos compostos normais de referência.

• **Cromatografia em camada fina preparativa (PTLC)** - A quantidade conhecida de extractos brutos de rotenóides recolhidos é quantificada por PTLC.

- Os pontos de vários extractos e os respectivos rotenóides de referência foram adicionados a placas de TLC activadas e formados unidireccionalmente, tal como definido na análise qualitativa.

- Os pontos nas placas de TLC foram analisados por pulverização da mistura HI em cada placa de coluna Os pontos que coincidiam com a sua norma foram raspados separadamente de 200 placas não pulverizadas formadas.

Isolamento, identificação e quantificação de metabolitos secundários

As partes das plantas (folhas, caule e calo) de *Tinospora cordifolia e Glycyrrhiza glabra* foram secas ao ar e transformadas em pó, separadamente. As amostras com pó seco foram extraídas com um aparelho de soxhlet em metanol a 80% e a extração de diferentes flavonóides e esteróides foi feita utilizando o protocolo desenvolvido por (Subramanian e Nagarajan, 1969) e (Tomita, 1970), respetivamente. A identificação e a quantificação dos metabolitos secundários extraídos foram efectuadas utilizando as técnicas GC-MS, TLC e IR.

Cromatografia gasosa-espetrometria de massa (GC/MS)

A GC-MS é uma técnica analítica utilizada para a deteção de compostos voláteis e de moléculas mais pequenas, de baixo peso molecular. Este método é utilizado para detetar ácidos gordos, harmonas, alcalóides, flavonóides e esteróides em plantas medicinais. Na formulação à base de plantas, a maioria dos ingredientes era principalmente de natureza volátil, que foi quantificada pelo método GC-MS (Kasthuri *et al.*, 2010). Em primeiro lugar, a mistura complexa é separada de acordo com o seu tempo de retenção na cromatografia gasosa e, em seguida, pode ser analisada através da espetrometria de massa. A MS pode proporcionar um conhecimento estrutural completo dos compostos, para que possam ser reconhecidos de perto.

Os extractos de plantas foram examinados por GC-MS/MS, utilizando o Thermo GC 1300, o TSQ 8000 e o amostrador automático AI 1310. A fase estacionária utilizada para a análise foi a TG-5MS (30m x 0,25mm x0,25 μm).

4. DETERMINAÇÃO DA ACTIVIDADE ANTIMICROBIANA

As folhas, o caule e o calo de *Tinospora cordifolia* e *Glycyrrhiza glabra* foram secos à sombra e extraídos com benzeno e etanol, respetivamente.

(i) Preparação do extrato

O extrato bruto foi constituído por pó seco da folha da planta (30 g) nos respectivos solventes durante 24 h num agitador rotativo. O extrato foi centrifugado durante 15 minutos a 5000 g e seco a pressão reduzida. A amostra foi mantida em garrafas seladas a 4° C.

(ii) Cultura e manutenção de isolados clínicos

Culturas puras de isolados bacterianos de *Staphylococcus aureus, Bacillus subtilis, Escherichia coli, Streptomyces grisveus,* e isolados fúngicos viz. *Trichoderma reesei, Fusarium oxysporium, Candida albicans* e *Penicillium funiculosum* obtidos do S.M.S. Medical College, Jaipur. Antes de cada ensaio antimicrobiano, foi preparada uma suspensão do organismo analisado numa solução salina e m   ágar slant.

A. Determinação do ensaio anti-bacteriano

A atividade antibacteriana do extrato de metanol bruto foi testada *in vitro* contra estirpes bacterianas gram positivas e gram negativas utilizando o processo de difusão em ágar (Perez *et al.,* 1990). O ágar Mueller Hinton no. 2 (Hi Media, Índia) é um meio bacteriológico. Os extractos foram dissolvidos em dimetilsulfóxido a 100% (DMSO) em concentrações de cinco mg/mL. O ágar Mueller Hinton foi derretido para arrefecer a 48-50° C antes de adicionar um inóculo normalizado (1,5108 CFU/mL, 0,5 McFarland) assepticamente ao ágar derretido que é derretido e espalhado depois de vertido em placas de Petri autoclavadas para formar uma placa estável. Foram feitos poços nas placas de ágar plantadas. Os poços foram preenchidos com a amostra examinada. As placas de Petri foram incubadas a 37° C durante a noite. O espetro antimicrobiano do extrato foi calculado em termos de zona de inibição para os organismos bacterianos. Os diâmetros da ZOI foram comparados com os da estreptomicina, um antibiótico de controlo comercial. Foram mantidos controlos para cada estirpe bacteriana em que foram utilizados solventes limpos como alternativa ao extrato. As áreas padrão foram deduzidas das zonas de avaliação e o diâmetro resultante da zona foi determinado com uma aproximação de mm com um leitor de zonas de antibiótico. A réplica deve ser efectuada três vezes para identificar a média e reduzir o erro.

B. Determinação do ensaio antifúngico

O comportamento antifúngico da planta experimental foi estudado utilizando o processo de difusão em poço de ágar (Bonjar *et al.*, 2005). A subcultura de leveduras e fungos saprófitas foi efectuada em ágar dextrose de Sabouraud e deixada em condições experimentais a 37°C durante 24 horas e a 25°C durante 2 a 5 dias, respetivamente. As suspensões de esporos de fungos foram feitas em PBS estéril e calibradas para uma concentração de 106 células/ml. Uma zaragatoa desinfectada foi mergulhada na suspensão fúngica e rolada na superfície do meio de ágar. Durante 15 minutos, as placas foram secas em condições naturais. Utilizando um recipiente de vidro esterilizado, foram perfurados poços com 10 mm de diâmetro e 7 mm de distância entre si no meio de cultura. Para cada poço, foram recuperados 0,1 ml de várias diluições de extractos frescos. A 37°C, as placas foram incubadas. As bioactividades foram medidas após uma incubação de 24 horas, calculando o diâmetro da ZOI (em mm). Todos os testes foram efectuados em três tempos, tendo sido calculados a média e o erro padrão.

5. DETERMINAÇÃO DA ACTIVIDADE ANTIOXIDANTE

A. Ensaio Frap (Capacidade de redução férrica da potência)

É um teste simples para estimar o potencial antioxidante total. A ação de eliminação de radicais livres das plantas removidas foi estimada pelo ensaio FRAP. O complexo de tripiridiltriazina férrica (Fe (III)-TPTZ) é transformado em tripiridil triazina ferrosa (Fe (II)-TPTZ) por um redutor de pH baixo. O protocolo foi desenvolvido por (Varga *et al.*, 1998).

Procedimento

Os extractos de plantas (100 µl de cada metanólico) foram tratados no escuro com uma solução FRAP. Foram observadas leituras a 593 nm do complexo de tripiridiltriazina ferrosa (produto colorido). Os resultados foram articulados em mM Fe(II)/g de massa seca.

Cálculo

As actividades relativas das amostras foram avaliadas por uma curva-padrão de actividades distintas de sulfato ferroso.

B. Ensaio de peroxidase (POXA)

A oxidação do pirogalol foi estimada por este ensaio, com absorvância a 420 nm e temperatura a 20°C.

$$\text{Pirogalol} + H_2O_2 \xrightarrow{\text{Peroxidase}} \text{Purpurogalina}$$

Extração

O material vegetal (200 mg) foi homogeneizado com 10 ml de tampão fosfato 0,1 M (pH-6,8), refrigerado e centrifugado a 10000 rpm durante 20 min. O sobrenadante foi segregado como um extrato enzimático. A atividade foi testada utilizando o método (Chance e Maehlys, 1955).

Procedimento

Tampão fosfato (2,4 ml), 0,3 ml de pirogalol (50 µmol) e

Foram misturados 0,2 ml de H O_{22} (30%). A quantidade de purpurogalina produzida foi avaliada instantaneamente através da observação da absorvância a 420 nm após a mistura de 0,1 ml de extrato enzimático. O coeficiente de extinção (2,8 mM-1 gm-1) foi utilizado para estimar a atividade da enzima avaliada em termos de milha mol/minuto/grama de peso seco.

Valor O.D. x 2,8 mM-1 gm-1 = valor da peroxidase

C. Ensaio da catalase (CAT)

$$2H_2O_2 \xrightarrow{\text{CAT}} 2H_2O + O_2$$

Extração

O material vegetal (200 mg) foi homogeneizado utilizando tampão fosfato (5 ml) com Na_2 EDTA, refrigerado e centrifugado a 10000 rpm durante vinte minutos a 4°C. O sobrenadante óbvio foi utilizado como doseamento da enzima. A ação foi testada utilizando o método de (Aebi, 1984).

Procedimento

Tomar 0,1 ml de extrato de enzima com 2,7 ml de tampão de fosfato de sódio, a que se chama mistura de reação, após o que 0,2 ml de $H O_{22}$ foi misturado nesta mistura e, em seguida, a absorvância instantânea a 240 nm. A atividade foi medida utilizando o coeficiente, 39,4 mM-1 gm-1.

Capítulo IV

Resultado

Indução de calosidades

Explantes como folhas excisadas, entrenós e segmentos nodais foram usados para induzir a formação de calos. Embora todos os explantes tenham sido utilizados para gerar calos, os melhores calos foram obtidos a partir do segmento nodal.

Indução de calos de *Tinospora cordifolia*

Os explantes nodais foram inoculados em meio MS com auxinas (0,5-2,0 ppm), incluindo 2,4-D sozinho e combinado com NAA e BAP e outra combinação de NAA e BAP (Tabela 1). Os melhores resultados foram obtidos com 2,4-D+NAA a 0,5 e 0,2 ppm, o que resultou num calo castanho escuro, friável e de desenvolvimento rápido (Placa 3b). Uma concentração mais baixa de 2, 4-D (0,5 ppm) resultou no desenvolvimento de calos de cor castanha. Entre as diferentes concentrações examinadas, a combinação de NAA+BAP a 0,1+,5 ppm conc. obteve uma quantidade moderada de calos, que produziram calos castanhos esverdeados compactos que eventualmente se tornaram castanhos. Foi observado inchaço na extremidade basal dos explantes nodais em concentrações que variaram de 0,5 a 1,0 ppm, e a resposta foi observada a 2mg/l na combinação de 2,4-D+BAP a 1+1 e 2+1 ppm conc. Os calos desenvolveram cor castanha e natureza friável, tendo sido produzidos calos em quantidade moderada.

Indução de calos de *Glycyrrhiza glabra*

Os explantes nodais foram inoculados em meios MS com combinações de auxinas e citocininas i.e. 2,4-D+BAP+IAA+KN e outras combinações de BAP + NAA, 2,4-D + IAA e 2,4-D + BAP. Os resultados máximos foram descobertos com 2,4-D + BAP a 0,5+2 ppm, que resultou num calo castanho escuro, friável, de crescimento rápido (Placa 4). Em concentrações mais baixas de 2,4-D + IAA (0,5+ 0,5 ppm), o calo foi produzido em pequenas quantidades. O calo era de cor castanha e compacto. Entre as várias concentrações testadas, a combinação de BAP+NAA a 1+0,5 ppm concn produziu uma quantidade moderada de calo, resultando em calo compacto castanho-amarelado que gradualmente se tornou castanho. Na combinação de 2,4-D + BAP + IAA +KN a 0,1+ 1+ 1+ 1 ppm concn, foi produzida uma quantidade modesta de calo, que era amarelo pálido e compacto. O calo adquiriu uma tonalidade castanha escura e era de natureza friável quando combinado com 2,4-D + BAP + IAA +KN a 0,5+1+0,2+0,2 ppm concn o calo foi gerado numa quantidade modesta (Quadro 2).

Índice de crescimento

Em *T.cordifolia* e *G. glabra*, os calos em meios MS com 2, 4- D+NAA (0,5+0,2 ppm concn) e 2, 4-D+BAP (0,5+0,2 ppm concn) deram os melhores resultados, respetivamente. O peso seco máximo (6,25±0,29 g em *T.cordifolia*; 7,36±0,33 g em *G. glabra*) foi observado após 8 semanas, tendo diminuído depois disso (Tabela 3). O crescimento de tecidos de calos com 8 semanas de idade foi maior em comparação com tecidos de calos com 10 semanas de idade derivados de segmentos nodais de ambas as plantas. O índice de crescimento (Fig. 1) dos tecidos de calo foi maior em *G. glabra* de 2nd a 10th semana (Placa 3 e 4).

Quadro-1 Produção de calos a partir do segmento nodal de *Tinospora cardifolia* em meio MS com concentrações de hormonas de crescimento

Reguladores de crescimento	Concentração (em ppm)	Resposta do calo	Cor e morfologia dos tecidos dos calos
2,4-D	0.5	++	Calos de cor castanha
2,4-D+NAA	0.5+ 0.2	++++	Castanho escuro, friável
NAA+BAP	1+ 0.5	++	castanho-esverdeado, compacto
2,4-D+BAP	1+1	+	Castanho e friável
2,4-D+BAP	2+1	++	Castanho e friável

+ - Calosidade moderada, ++ - Boa calosidade, ++++ - Calosidade profusa

Quadro-2 Produção de calos a partir do segmento nodal de *Glycyrrhiza glabra* em meio MS com concentrações de hormonas de crescimento

Reguladores de crescimento	Concentração (em ppm)	Resposta calosa	Cor e morfologia dos tecidos dos calos
2,4-D + BAP + IAA + KN	0.1+ 1+ 1+ 1	+	amarelo pálido e compacto
2,4-D + BAP + IAA + KN	0.5+1+0.2+0.2	++	cor castanha escura e friável
BAP + NAA	1+ 0.5	++	castanho-amarelado compacto
2,4-D + IAA	0.5+ 0.5	+	Castanho-amarelado, friável
2,4-D + BAP	0.5+2	++++	Castanho escuro, friável

+ - Calosidade moderada, ++ - Boa calosidade, ++++ - Calosidade profusa

Quadro 3 Índices de crescimento da cultura estática em diferentes intervalos de idade

Nome da planta	Índices de crescimento na idade de				
	2 semanas	4 semanas	6 semanas	8 semanas	10 semanas
T. cardifolia	1.02±0.02	1.85±0.19	4.35±0.33	6.25±0.29	5.83±0.56
Glycyrrhiza glabra	1.78±0.09	2.35±0.29	4.85±0.53	7.36±0.33	6.75±0.78

Média±SE, * p< 0,05, ** p<0,01, Todas as colunas são comparadas com o padrão usando o teste de Tukey após ANOVA usando o software ezanova.

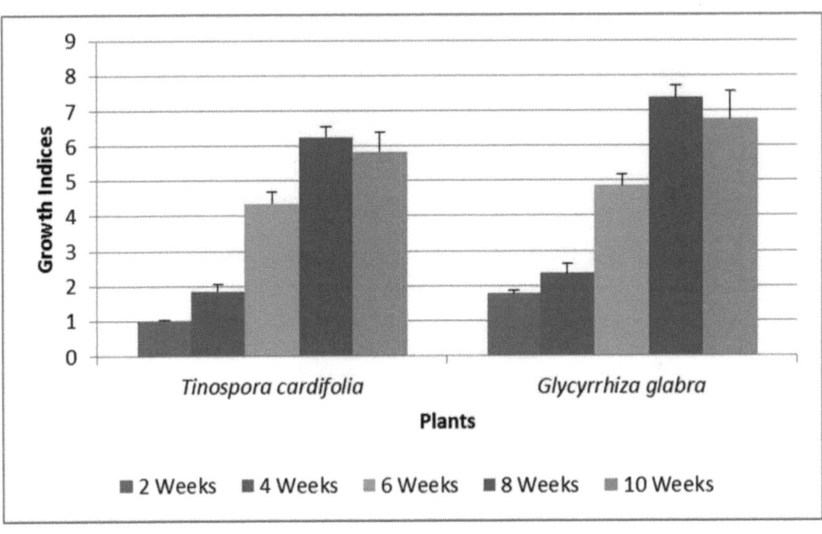

Fig. 1 Estudo comparativo do crescimento de calos de *Tinospora cardifolia* e *Glycyrrhiza glabra*

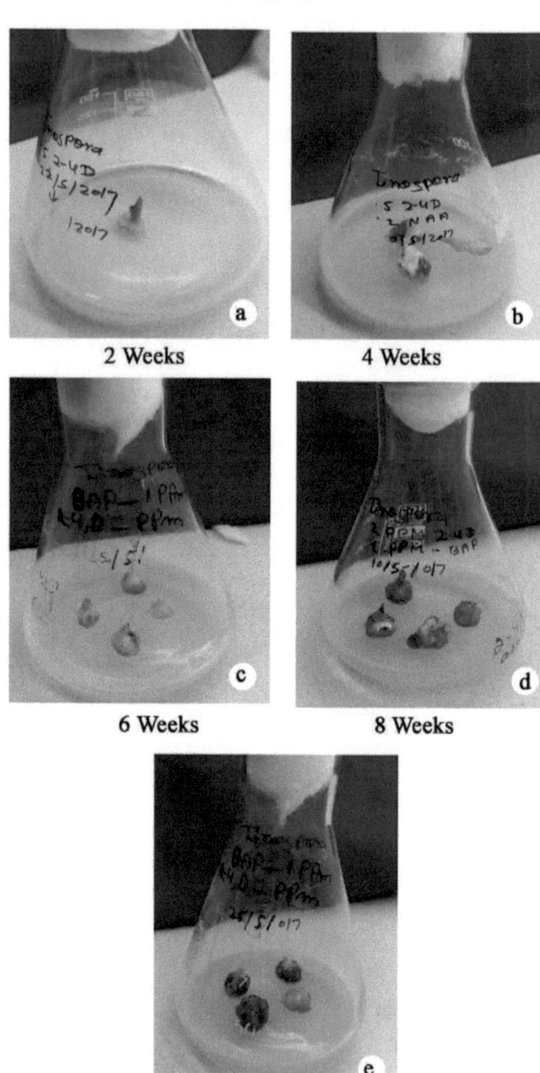

2 Weeks   4 Weeks

6 Weeks   8 Weeks

10 Weeks

Growth indices of static culture at different age
in *Tinospora cardifolia*

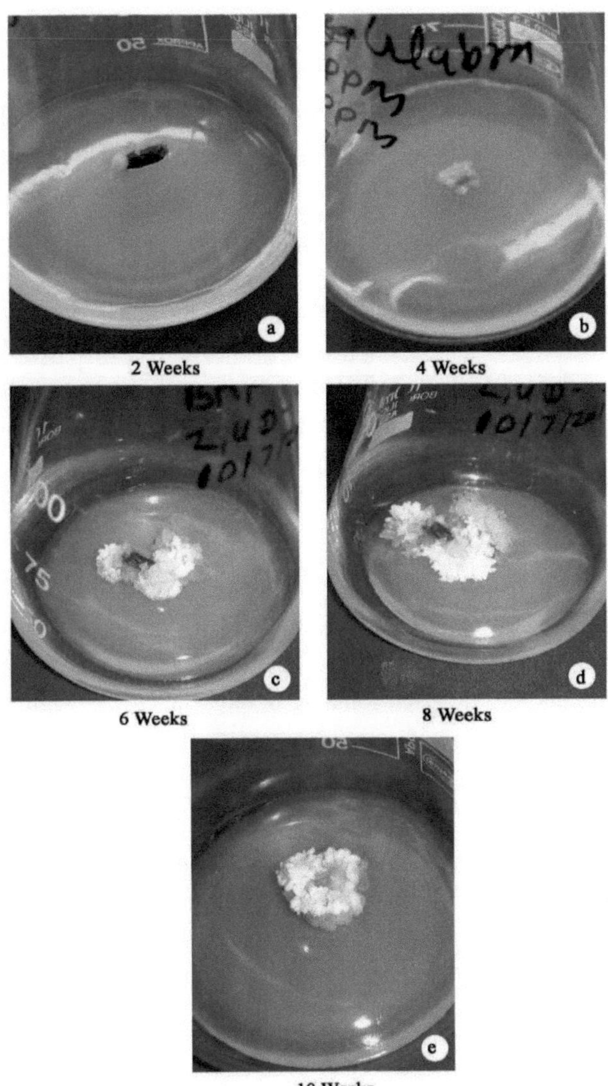

Growth indices of static culture at different age
interval of *Glycyrrhiza glabra*

METABOLITOS PRIMÁRIOS

No presente estudo, foram estudados os metabolitos primários Carbohidratos, Amido, Proteína, Lípidos e Fenol, o conteúdo total de rotenóides e o conteúdo total de esteróides. No presente estudo, foi efectuada a estimativa bioquímica dos metabolitos primários na parte da folha das plantas (*T. cordifolia* e *G. glabra*). Os resultados são apresentados no Quadro 4.

Hidratos de carbono Total Açúcares solúveis

A avaliação quantitativa do açúcar indica que a folha de *T. cordifolia* tem o teor de açúcar mais elevado 1,8±0,03 mg/gdw, enquanto o caule de *G. glabra* tem o teor de açúcar mais elevado, 3,2±0,06 mg/gdw entre outras partes (Quadro 4). A folha e o calo de *G. glabra* tinham uma quantidade média de açúcar solúvel total de 1,8±0,0,02 e 1,16±0,03 mg/gdw, respetivamente.

Amido

A concentração máxima de amido foi determinada no caule de *T. cordifolia* (2,2±0,04 mg/gdw) e a mais baixa no calo (0,98±0,09 mg/gdw) (Quadro 4; Fig. 2). A medição quantitativa de amido no caule de *G. glabra* (3,4±0,09 mg/gdw) foi mais elevada do que na folha (2,0±0,03 mg/gdw), seguida do calo (1,58±0,07mg/gdw).

Proteínas

O teor total de proteínas de *T. cordifolia* foi maior no caule (84±3,3 mg/gdw) e menor no calo (30±0,95 mg/gdw) no presente estudo. A quantidade total de proteína na folha, no caule e no calo *de G. glabra* foi de 64±2,1, 82±4,2 e 24±0,78 mg/gdw, respetivamente (Tabela 4; Fig. 2).

Lípidos

O teor mais elevado de lípidos foi observado no caule e na folha de *T. cordifolia* (10±0,56 e 10±0,39 mg/gdw, respetivamente) e o mais baixo no calo (8,67±0,83 mg/gdw) (Quadro 4; Fig. 2). O caule *de G. glabra* (10±0,59 mg/gdw) apresentou a maior medição quantitativa de lípidos, seguido da folha (9,9±0,96 mg/gdw) e do calo (8,4±0,53 mg/gdw).

Fenol

A quantidade total de fenol foi maior na folha, 2,2±0,06 mg/gdw, e menor no calo, 1,270,05 mg/gdw, na presente investigação de *T. cordifolia*. Em *G. glabra*, a quantidade total de fenol foi de 1,2±0,04, 1,15±0,03 e 0,68±0,01 mg/gdw na folha, no caule e no calo, respetivamente (Quadro 4; Fig. 2).

Quadro 4 Estimativa total dos metabolitos primários (mg/g de peso seco) em várias partes da planta de *Tinospora cardifolia* e *Glycyrrhiza glabra*

| Plantas | Parte da planta | Hidratos de carbono | | Proteínas | Lípidos | Fenol |
		Açúcares solúveis totais	Amido			
Tinospora cardifolia	Folha	1.8±0.03	1.4±0.03	78±3.1	10±0.56	2.2±0.06
	Caule	1.6±0.09	2.2±0.04	84±3.3	10±0.39	1.65±0.06
	Calo	1.03±0.02	0.98±0.09	30±0.95	8.67±0.83	1.27±0.05
Glycyrrhiza glabra	Folha	1.8±0.0.02	2.0±0.03	64±2.1	9.9±0.96	1.2±0.04
	Caule	3.2±0.06	3.4±0.09	82±4.2	10±0.59	1.15±0.03
	Calo	1.16±0.03	1.58±0.07	24±0.78	8.4±0.53	0.68±0.01

Média±SE, * p< 0,05, ** p<0,01, Todas as colunas são comparadas com o padrão usando o teste de Tukey após ANOVA usando o software ezanova.

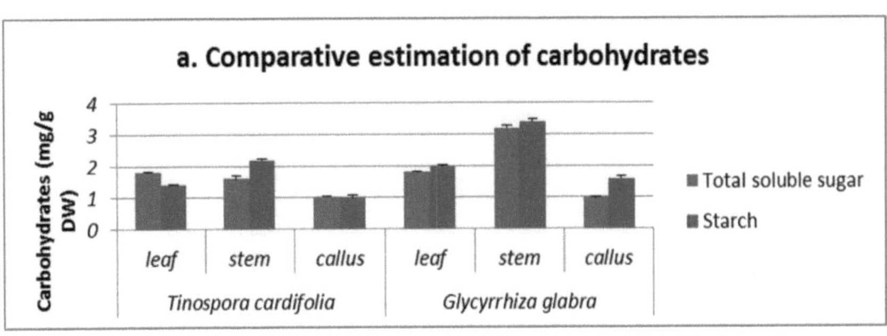

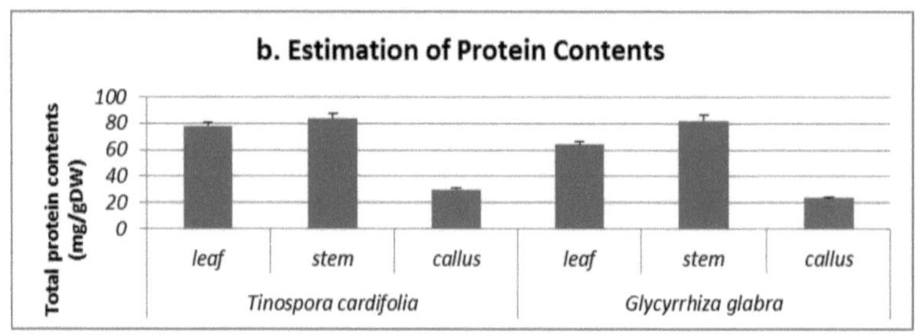

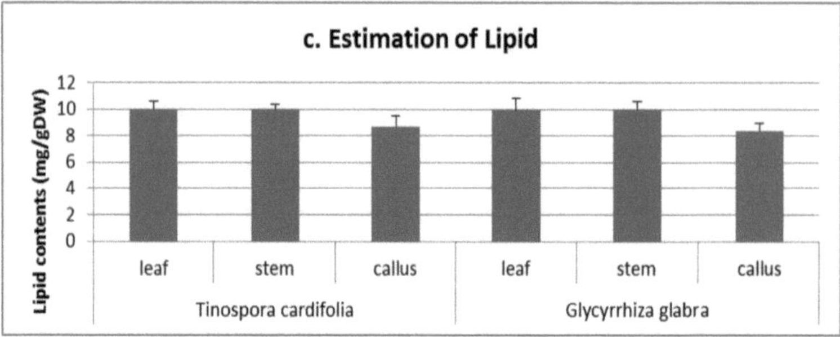

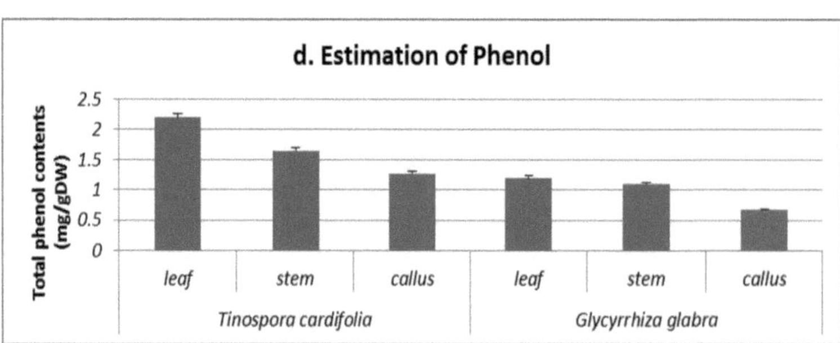

Fig. 2 Estudo comparativo dos metabolitos primários de
Tinospora cordifolia* e *Glycyrrhiza blabra

Conteúdo total do Rotenóide

O conteúdo total de rotenóide foi observado mais alto em *T. cordifolia* em comparação com *G. glabra*. A análise quantitativa de rotenóides de *T. cordifolia* é apresentada no Quadro 5 e na Fig. 4. O conteúdo de rotenóides de *T. cordifolia* foi máximo no caule (3,00±0,19 mg/g) do que na folha (2,80±0,23 mg/g) seguido pelo calo (0,40±0,01 mg/g). O conteúdo total de rotenóides foi encontrado no máximo na folha (2,0±0,29 mg/g) do que no caule e no calo (0,95±0,02 e 0,68±0,01 mg/g, respetivamente) em *G. glabra*. O caule apresenta o teor mais elevado de rotenóides em *T. cordifolia* e o máximo nas folhas de *G. glabra* (Quadro 5).

Teor total de esteróides

O conteúdo total de esteróides da *T. cordifolia* foi significativamente mais baixo do que o da *G. glabra*. A Tabela 6 apresenta o estudo quantitativo do conteúdo de esteróides de *T. cordifolia* e *G. glabra*. A concentração de esteróides de *T. cordifolia* foi mais elevada na folha (4,50±0,19 mg/gdw), seguida do caule (1,40±0,02 mg/gdw) e do calo (1,10±0,02 mg/gdw). Em *G. glabra*, os esteróides totais foram encontrados em maior quantidade na folha (7,9±0,34 mg/gdw). A quantidade moderada foi encontrada no caule e a mais baixa no calo (2,1±0,19 e 1,0±0,01 mg/gdw, respetivamente). A quantidade do caule e da folha foi significativamente máxima em *G. glabra* do que em *T. cordifolia*, enquanto o calo tem quase a mesma quantidade de esteróides em ambas as plantas. (Tabela 6; Fig. 5).

Análise fitoquímica de *T. cordifolia* e *G. glabra*

Os resultados das análises fitoquímicas de duas plantas selecionadas, *T. cordifolia* e *G. glabra*, são explicados neste capítulo. As análises quantitativas de duas partes da planta, folhas, caule e calo, foram efectuadas para detetar a presença de fitoesteróides e rotenóides.

1. Rastreio fitoquímico de *T. cordifolia* e *G. glabra*

i) Estimativa qualitativa de rotenóides de *T. cordifolia*

A análise TLC foi utilizada para efetuar estimativas qualitativas e quantitativas de rotenóides de diferentes partes da planta de *T. cordifolia* (Quadro 7). O exame

TLC dos materiais vegetais revelou a presença de três manchas nos sistemas de solventes de clorofórmio, acetona e ácido acético (S$_1$), que correspondiam a rotenóides padrão - rotenona, eliptona e deguelina com valores Rf de 0,54, 0,77 e 0,68, respetivamente. Outros três locais no sistema de solventes benzeno:acetato de etilo (S$_2$) coincidiram com os rotenóides padrão - rotenona, eliptona e deguelina, com valores de Rf de 0,56, 0,72 e 0,62, respetivamente. Antes do aquecimento, os cromatogramas pulverizados com hidroiodo adquiriram cores distintas da rotenona (azul) e da eliptona (azul púrpura), equivalentes às cores desenvolvidas no padrão. Após o aquecimento, as cores dos cromatogramas mudaram para azul-púrpura (eliptona), rosa (deguelina) e azul (rotenona), o que corresponde ao padrão executado em paralelo. A cromatografia bidimensional revelou três manchas únicas de rotenona, deguelina e eliptona, que correspondiam a um marcador genuíno de rotenóides (placa 5). Os pontos de fusão dos cristais de rotenona e eliptona foram determinados em 163ºC e 181ºC, respetivamente, equivalentes aos padrões correspondentes. A deguelina, por outro lado, não pôde ser cristalizada. O ponto de fusão combinado não foi afetado. As análises do espetro de IV de cada composto isolado revelaram picos de absorção distintos e sobreponíveis. O UV máximo (MeOH) da rotenona foi de 223 nm, e outros entre 222-225 nm foram igualmente típicos (quadro 7).

Estimativa qualitativa de rotenóides de *G. glabra*

A análise TLC foi utilizada para efetuar estimativas qualitativas e quantitativas de rotenóides de diferentes partes da planta de *G. glabra* (Quadro 8). O exame TLC dos materiais vegetais revelou a presença de três manchas nos sistemas de solventes de clorofórmio, acetona e ácido acético (S$_1$), que correspondiam a rotenóides padrão - rotenona (valor Rf 0,55), eliptona (valor Rf 0,75), deguelina (valor Rf 0,69) e sumatrol (valor Rf 0,35). Outros três locais no sistema de solventes benzeno:acetato de etilo (S$_2$) coincidiram com os rotenóides padrão - rotenona, eliptona, deguelina e sumatrol - com valores Rf de 0,55, 0,78, 0,70 e 0,39, respetivamente. Antes do aquecimento, os cromatogramas com spray hidroiodado apresentavam cores distintivas da rotenona (azul) e da eliptona (azul púrpura) iguais às cores convencionais. Após o aquecimento, as cores dos cromatogramas, que correspondem ao padrão em paralelo, mudaram para azul (eliptona), rosa (deguelina) e azul (sumatrol). A cromatografia 2-D identificou três pontos distintos de rotenona, eliptona, deguelina e sumatrol que se correlacionam com um verdadeiro marcador de rotenóides (placa 6). Os valores de fusão dos cristais de rotenona e eliptona foram encontrados a 164ºC e 180ºC, respetivamente, que foram considerados comparáveis aos padrões relevantes. A deguelina, por outro lado, não pode ser cristalizada e tem um ponto de fusão de 195ºC. O Sumatrol tem um ponto de fusão de 200 graus Celsius. O ponto de fusão combinado não se alterou. Os estudos dos espectros de IV de cada molécula isolada revelaram picos de absorção únicos e sobreponíveis (Fig. 3). O UV máximo da rotenona (MeOH) foi de 223 nm, e outros entre 222-225 nm também foram usuais (Tabela 8).

ii) Estimativa qualitativa da Diosgenina de *T. cordifolia* e

G. glabra

Para a análise da diosgenina, foi concebida uma técnica quantitativa de TLC. A linearidade situou-se no intervalo 98-580 ng/ponto, indicando que a técnica tinha uma elevada sensibilidade. A utilização de um reagente modificado de anisaldeído-ácido sulfúrico eliminou o problema da interferência de fundo que era habitualmente observado nas técnicas de TLC pós-derivatização. Encontraram níveis de diosgenina que variavam entre 0,43 e 0,63% em várias amostras. Após a derivatização com um reagente de ácido anisaldeído-sulfúrico modificado, a diosgenina foi medida no seu máximo. As sapogeninas isoladas (diosgenina) produziram manchas luminosas na cromatografia de camada fina numa solução de solvente de clorofórmio:hexano:acetona (23:5:2) quando expostas a uma luz UV. Após pulverização destas placas formadas com reagente de anisaldeído e ácido sulfúrico a 50%, foram detectados pontos verdes. Os valores de Rf de 0,43 em S1 e 0,58 em S2 de *T. cordifolia* e 0,58 em S_1 e 0,63 em S_2 de *G. glabra* corresponderam à diosgenina normal. Quando os pontos de fusão da fração isolada foram determinados, corresponderam aos da diosgenina correspondente (203-205ºC). Os picos caraterísticos dos espectros de infravermelhos da diosgenina isolada foram sobrepostos aos espectros de infravermelhos dos compostos de referência (Quadro 9; Placa 8; Fig. 3).

Quadro 5 Teor de rotenóides em diferentes partes da planta.

Partes de plantas	Teor de rotenóides (mg/gdw)	
	Tinospora cordifolia	*Glycorrhiza glabra*
Folha	2.80±0.23	2.0±0.29
Caule	3.00±0.19**	0.95±0.02**
Calo	0.40±0.01**	0.68±0.01**

Média±SE, * p< 0,05, ** p<0,01, Todas as colunas são comparadas com o padrão usando o teste de Tukey após ANOVA usando o software ezanova.

Tabela 6 Teor de esteróides totais em diferentes partes da planta.

Partes de plantas	Teor de esteróides (mg/gdw)	
	Tinospora cordifolia	*Glycyrrhiza glabra*
Folha	4.50±0.19	7.9±0.34
Caule	1.40±0.02**	2.1±0.19**
Calo	1.10±0.02**	1.0±0.01**

Média±SE, * p< 0,05, ** p<0,01, Todas as colunas são comparadas com o padrão usando o teste de Tukey após ANOVA usando o software ezanova.

Quadro 7 Comportamentos cromatográficos e caraterísticas físico-químicas dos rotenóides de *Tinospora cordifolia*

Composto isolado	R_f valor		Cor após a pulverização		UV nm max	Ponto de fusão (°C)
	S_1	S_2	R_1	R_2		
Rotenona	0.54±0.02	0.56±0.02	BL	BL	221, 223	160-164
Eliptone	0.77±0.01	0.72±0.01	PB	PB	221, 224	178-180
Deguelin	0.68±0.01	0.62±0.01	P	P	222, 225	194-196

Abreviaturas- S_1 - Clorofórmio: Acetona: Ácido acético (23:5:2), S_2 - Benzeno : Acetato de etilo (85 : 15), R_1 - 50% H_2SO_4 , R_2 - Reagente de anisaldeído, BL- azul, PB- azul púrpura, P- rosa

Quadro 8 Comportamentos cromatográficos e caraterísticas físico-químicas dos rotenóides de *Glycyrrhiza glabra*

Composto isolado	R_f valor		Cor após a pulverização		UV nm max	Ponto de fusão (°C)
	S_1	S_2	R_1	R_2		
Rotenona	0.53±0.03	0.55±0.02	BL	BL	221, 223	160-164
Eliptone	0.75±0.01	0.78±0.01	PB	PB	221, 224	178-180
Deguelin	0.69±0.01	0.70±0.01	P	P	222, 225	194-196
Sumatrol	0.35±0.01	0.39±0.01	BG	BG	223, 224	197-200

Abreviaturas- S_1 - Clorofórmio:Acetona:Ácido acético (23:5:2), S_2 - Benzeno : Acetato de etilo (85 : 15), R_1 - 50% $H_2 SO_4$, R_2 - Reagente de anisaldeído, BL- azul, PB- azul púrpura, P- rosa, BG - cinzento azulado

Quadro 9 Comportamentos cromatográficos e caraterísticas físico-químicas da sapogenina de plantas

Plantas	Composto isolado	Em UV	R_f valor		Cor após pulverização		Ponto de fusão (°C)
			S_1	S_2	R_1	R_2	
Tinospora cordifolia	Diosgenina	BR-BL	0.43±0.01	0.58±0.02	GN	GN	203-205
Glycyrrhiza glabra	Diosgenina	BR-BL	0.59±0.01	0.63±0.01	GN	GN	203-205

Abreviaturas- S_1 - Clorofórmio : Hexano : Acetona (23:5:2), S_2 - Benzeno : Acetato de etilo (85 : 15), R_1 - 50% $H_2 SO_4$, R_2 - Reagente de anisaldeído, GN- Verde, BR - Brilhante, BL- Azul.

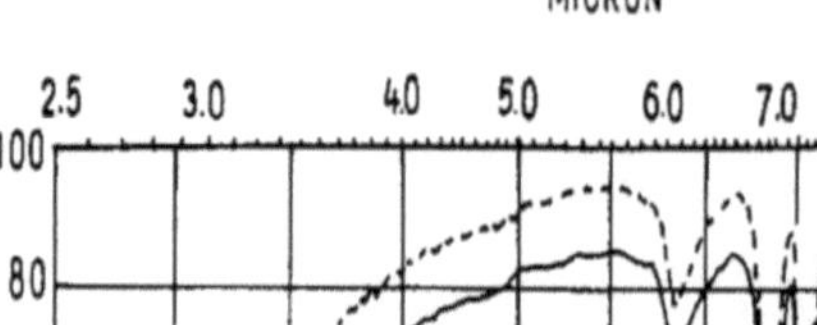
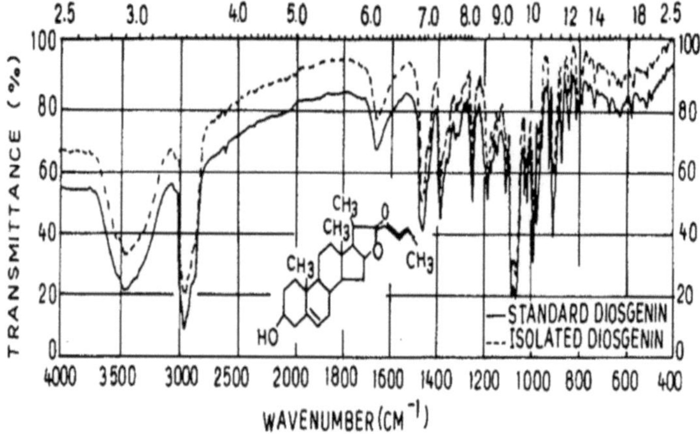

a.   Espectros de infravermelhos da Diosgenina

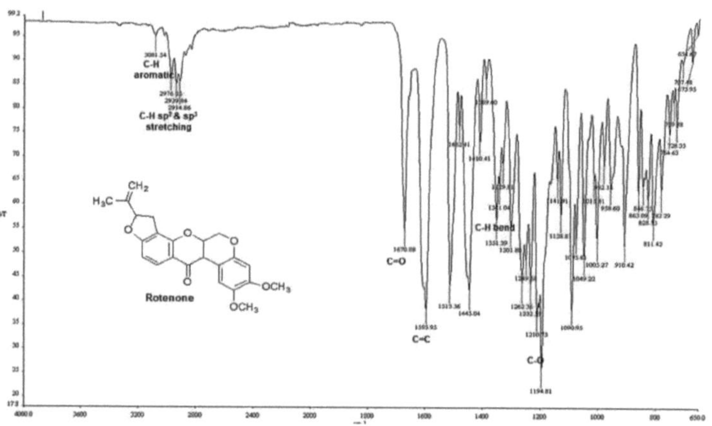

b.   Espectros de infravermelhos da rotenona

Fig. 3 Espectros de infravermelhos da Diosgenina e da Rotenona

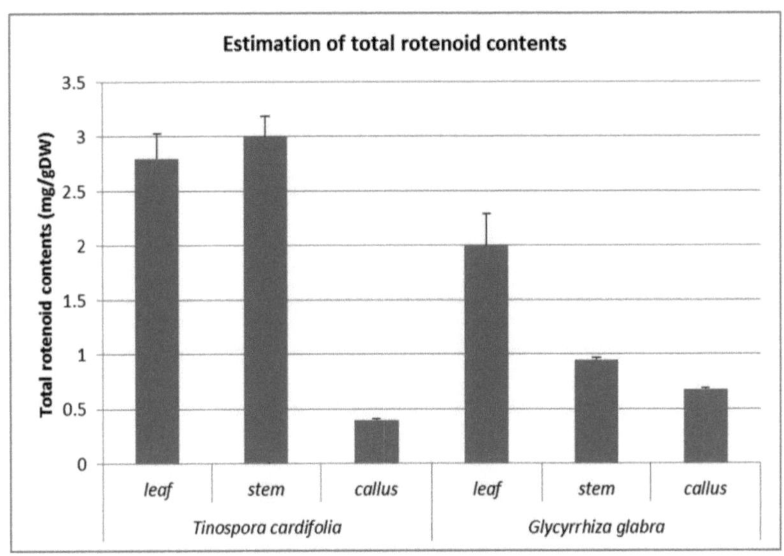

Fig. 4 Estudo comparativo dos teores totais de rotenóides em
Tinospora cordifolia e *Glycyrrhiza blabra*

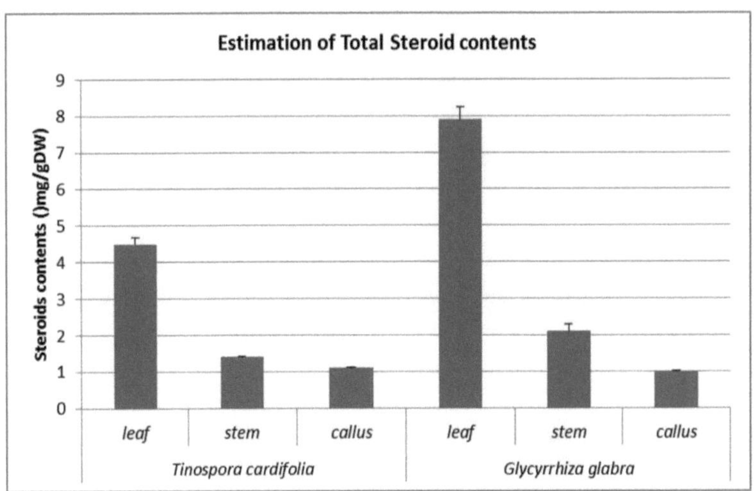

Fig. 5 Estudo comparativo dos teores de esteróides totais em
Tinospora cordifolia e *Glycyrrhiza blabra*

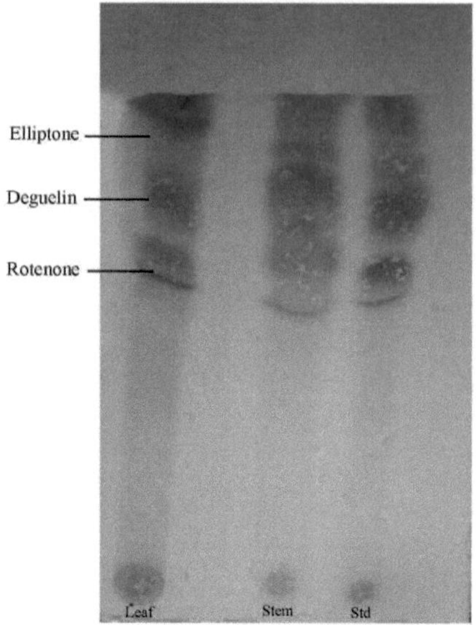

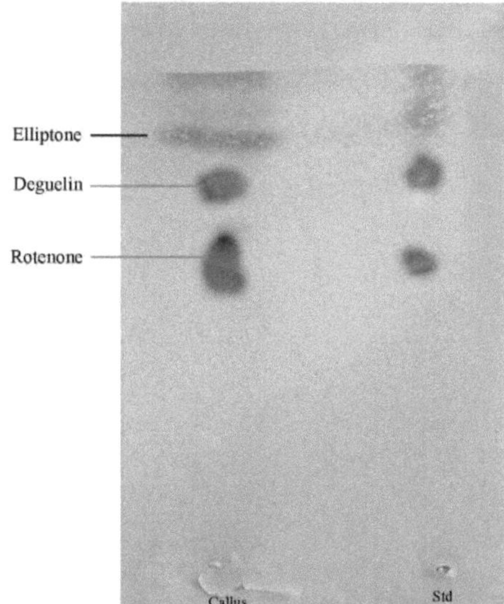

TLC showing presence of rotenoids in *Tinospora coordifolia*

PLATE-6

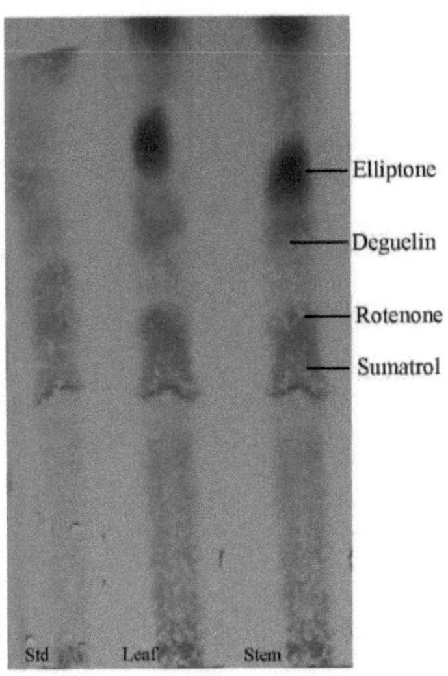

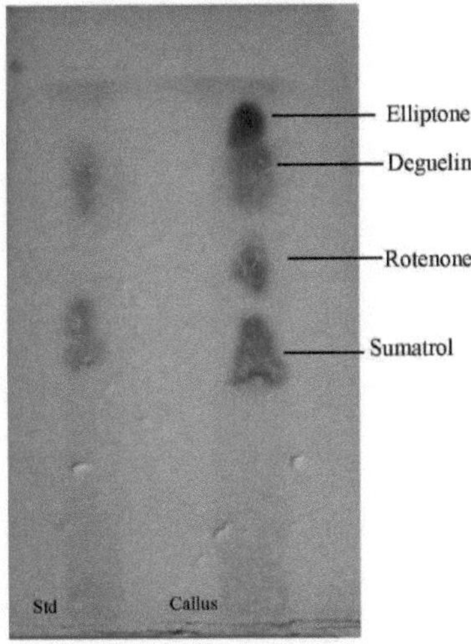

TLC showing presence of rotenoids in *Glycyrrhiza glabra*

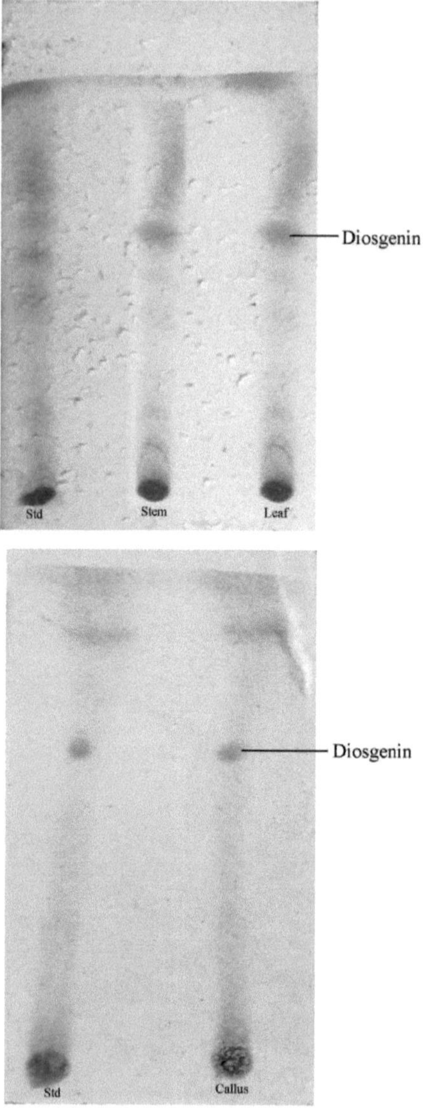

TLC showing presence of steroid in *Tinospora coordifolia*

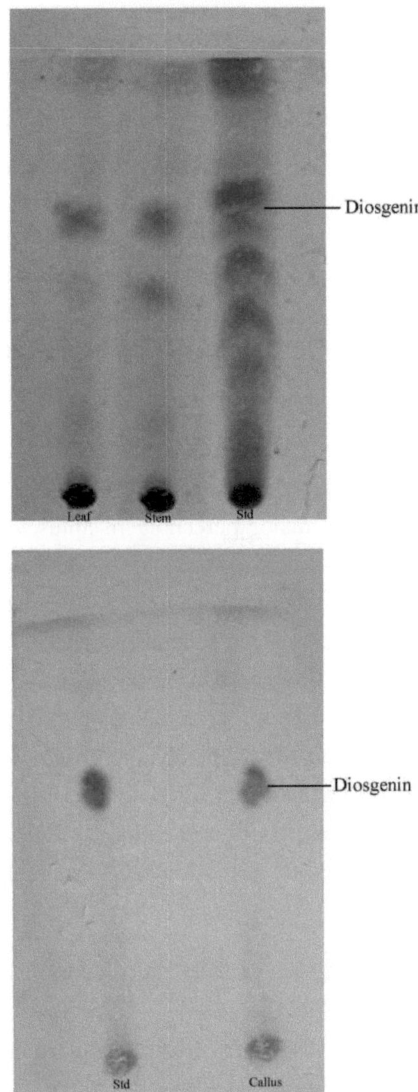

TLC showing presence of steroid in *Glycyrrhiza glabra*

Cromatógrafo GC-MS de *T. cordifolia*

Um total de 29 compostos bioactivos foram identificados através de análises GC-MS das folhas de *T. cordifolia* para estimativa de esteróides e são apresentados na Tabela 10. Os principais compostos bioactivos com a área de percentagem máxima mostrada   na Fig. 6 foram 1 ,2-Benzenodiol, o(4- metoxibenzoil)-o-(2,2,3,3,4,4,4-heptafluorobutiril) (19,88 %), 2- Heptanol, 2,6-dimetil (14,02 %), ácido benzeno-propanoico, à- (acetiloxi)-á-butil-à-(metiltio), éster metílico (5.00 %),7E-2-Amino-4-hidroxi-7-[2-(4-metoxifenil)-2-oxoetilideno]-7,8-di-hidro-6(5H)-pteridinona (5,04%), 1,4-Ciclohexadieno, 1,3,6- tris(trimetilsilil) (4.15%) e 1,3-Dioxolano, (3-bromo-5,5,5- tricloro-2,2-dimetilpentyl) 1,74% das folhas de *T. cordifolia* (Fig. 6).

O total de 35 compostos foi identificado nas folhas de *T. cordifolia*. Os principais compostos bioactivos presentes nas folhas de *T. cordifolia* para a estimativa de rotenóides com a área de maior percentagem apresentada no Quadro 11 são cis,cis,cis-7,10,13-Hexadecatrienal 16.08 %, ácido pentadecanóico, 14-metil-, éster metílico 14,20 %, ácido n-hexadecanóico 8,07%, decano, 1,10-dibromo 5,58 %, 1-Iodo-2-metilundecano 4,79 %, pentadecanona, 6,10,14-trimetil- 3.97%, 2,2 Dimetil-propil 2,2-dimetil-propano tiossulfinato 3,30%, 1,1,3-1-(1,5- Dimetil-4-Hexenil)-4-Metilbenzeno 2,66%, Trietoxibutano 2,02%, Ácido ciclopentano undecanóico, éster metílico 2.50%, ácido oxálico, éster bis(2-etil-hexílico) 2,38%, ácido oxálico, éster alil hexadecílico 1,10% e 2,6,10,14-Tetrametilpentadecano-2-ol 1,31% extraídos e identificados das folhas de *T. cordifolia* (Fig. 7). O total de 35 compostos bioactivos foi extraído do GC-MS das folhas de *T. cordifolia* (Quadro 13).

O perfil GC-MS dos rotenóides isolados de calos de *T. cordifolia* é apresentado no Quadro 12. Foi identificado um total de 27 compostos bioactivos a partir do cromatograma GC-MS, com os compostos rotenóides importantes com % de área máxima apresentados na Fig. 8. Os principais compostos identificados são o 1-metileno-2b-hidroximetil-3,3-   dimetil-4b-(3-metil-but-2-enil)-ciclo-hexano (13,19 %), o colestan-3-ol, 2-metileno-, (3á,5à)- (7,84 %), o 1-Iodo-2-metilundecano (2.00 %), 3-Dodecanol, 3,7,11-trimetil (1,46 %), 3-Hexeno, 1-(1-etoxietoxi), (Z) (1,24 %), 2R-Acetoximetil-1,3,5-trimetil-4c-(3- metil-2-buten-1-il)-1c-ciclohexanol (1,79 %) e Ácido sulfuroso, éster dodecil 2-propil (1,27%). Os compostos bioactivos mínimos do calo são a N-Metiltaurina, o 1,3-Dioxolano, o

2-(3-bromo-5,5,5- tricloro-2,2-dimetilpentilo) e o ácido heptacosanóico, 25-metil, éster metílico.

Cromatógrafo GC-MS de *G. glabra*

O GC-MS de esteróides da planta medicinal *G. glabra* é apresentado no Quadro 13. No total, foram identificados 38 fitocompostos nas folhas. Os principais compostos com área máxima são apresentados no cromatograma GC-MS na Fig. 9. O principal composto identificado com a % de área máxima é o ácido cítrico, éster trimetil (35,21%). Os outros fitoquímicos são n-1-Dodecanona, 2-(imidazol-1-il)-1-(4- metoxifenil) (5,07%), 2,6-Dimetilbenzaldeído (4,75%), 5,8- Metanol, 7-dioxaciclopente azuleno- 2,6-diona, octahidro 2a,9- dihidroxi-8b-metil 9(1metiletil) (4.29%), 5-Octadeceno (4,15%), Triciclo[6.3.3.0]tetradec-4-eno10,13 dioxo (3,92%), 5-Eicoseno (3,78%), 4-Trifluoroacetoxihexadecano (2,90%), Tetradecano (2,06%) e 7-Hexadeceno, (1,84%).

O perfil GC-MS dos rotenóides da folha de *G. glabra* é apresentado no Quadro 14. Um total de 36 compostos bioactivos estavam presentes na folha desta planta (Fig. 10). Os principais compostos importantes com área máxima são 2-Pentadecanona, 6,10,14-trimetil (8,82 %), Cholesta-4,6- dien-3-ol, (3á) (7,07%), 1-Metil-4-isopropil-ciclohexil-2-hidroper-fluorobutanoato (6,54%), Ácido acético, trifluoro, 3,7-dimetiloctil éster (5.96 %), 2-Piperidinona, N-[4-bromo-n-butil] (4,53 %), 1-Bromo-1-cloroetano (4,62 %),. O ácido n-Hexadecanóico é o principal composto com a área máxima entre todos os compostos com 20,06 % e o seu tempo de retenção é 19,08.

Quadro 10 Compostos GC-MS (esteróides) na folha de *T. cordifolia*

S Não	RT	Nome do composto	Área	Área %
1	6.62	Benzeno, (2-iodoetil)-	22937485	0.84
2	9.77	2,2-Dimetil-propil 2,2-dimetil-propanosulfinilsulfona	3431057	0.13
3	11.10	Preg-4-en-3-one, 17à-hydroxy-17á-cyano	24958429	0.91
4	11.49	2-Heptanol, 2,6-dimetil	383214634	14.02
5	12.04	2,6-Bis(diazo)adamantina	11290505	0.41
6	12.15	Ácido 1,2,3-propanotricarboxílico, 1-hidroxi, éster trimetil	12407181	0.45
7	12.60	Ácido butanóico, éster metílico de 4-(2-metoxi-1-metil-2-oxoetoxi)	6546103	0.24
8	13.04	7-Hexadeceno, (Z)	12696279	0.46
9	13.14	1-Iodo-2-metilundecano	5821447	0.21
10	14.38	6-Chloro-2,2,9,9-tetramethyl-3,7-decadiyn-5-ol	5423762	0.20
11	14.90	Ácido benzeno-propanoico, à-(acetiloxi)-á-butil-à- (metiltio), éster metílico	136652505	5.00
12	14.98	(7E)-2-Amino-4-hydroxy-7-[2-(4-methoxyphenyl)-2-oxoethylidene]-7,8-dihydro-6(5H)-pteridinone	137659056	5.04
13	15.49	Ácido oxálico, éster decílico de alilo	7135487	0.26
14	16.11	1-Dodecanol, 3,7,11-trimetil-	43843651	1.60
15	16.20	1,3-Dioxolano, 2-(fenilmetil)-	9939847	0.36
16	17.11	Tiofeno-2-ol, benzoato	9508591	0.35
17	17.43	Carbonotriioato de di-terc-butilo	9697701	0.35
18	17.53	1,1-Bis(etiltio)-2-feniletano	17317590	0.63
19	17.99	Silano, trimetil[2-metileno-1-(4-pentenil) ciclopropil]-	10761682	0.39
20	18.12	Éster metílico do ácido ciclopentaneundecanóico	34282912	1.25
21	18.57	1,2-Benzenodiol, -(4-metoxibenzoil)-(2,2,3,3,4,4,4,4-heptafluorobutiril)	543600678	19.88
22	18.90	3-Dodecanol	36549542	1.34
23	23.28	1,4-Ciclo-hexadieno, 1,3,6-tris(trimetilsililo)	113361680	4.15
24	25.14	1,3-Dioxolano, (3-bromo-5,5,5-tricloro-2,2- dimetilpentil)-	48079393	1.76
25	25.58	2(2',4',4',6',6',8',8'Heptametiltetrasiloxano2'yloxi)2,4,4, 6,6,8,8,8,10,10nonametilciclopentasiloxano	40069695	1.47
26	28.04	2-Butanona, 3-cloro-4-hidroxi-1,4-difenil-	45266394	1.66
27	28.89	éster de 4-benziloxifenilo do ácido o-anisico	44812767	1.64
28	19.31	Ácido p-anisico, éster 4-nitrofenílico	47648232	1.74
29	21.45	5-Eicoseno, (E)-	8246542	0.30

Quadro 11 Compostos GC-MS (rotenóides) na folha de *T. cordifolia*

S Não	RT	Nome do composto	Área	Área %
1	16.10	Ácido oxálico, éster ciclobutílico octadecílico	2957730	0.31
2	16.27	Bicyclo[2.2.1]heptan-2-ol, 2-(2-cyclopenten-1-yl)-	8149829	0.84
3	16.81	Z-4-Dodecenol	7663304	0.79
4	17.02	2-Pentadecanona, 6,10,14-trimetil-	38465474	3.97
5	18.04	2-Piperidinona, N-[4-bromo-n-butil]-	4784928	0.49
6	18.16	Ácido pentadecanóico, 14-metil-, éster metílico	137462457	14.20
7	18.95	Ácido n-hexadecanóico	78135596	8.07
8	20.24	Éter hexiloctílico	5550980	0.57
9	20.38	5,10-Pentadecadien-1ol, (Z,Z)	35114050	3.63
10	20.48	cis,cis,cis-7,10,13-Hexadecatrienal	155665043	16.08
11	20.62	Fitol	12513949	1.29
12	20.97	Ciclo-hexano, 1-(1,5-dimetil-hexil)-4-(4-metilpentil)-	5433265	0.56
13	21.52	2-Pentadecina 1-ol	4467362	0.46
14	23.18	Éster metílico do ácido ciclopentaneundecanóico	16184113	1.67
15	23.36	Propanoato de ciclo-hexanometilo	3581520	0.37
16	23.54	Ácido acético, trifluoro, éster de 3,7-dimetiloctilo	22882533	2.36
17	23.76	Éster 2-hexen-1-ílico do ácido dodecanóico	4731615	0.49
18	24.10	2-(2',4',4',6',6',8',8'-Heptamethyltetrasiloxan-2'- yloxy)-2,4,4,6,6,8,8,10,10-nonametilciclopentasiloxano	5706106	0.59
19	25.40	Éster metílico do ácido ciclopentaneundecanóico	24177133	2.50
20	25.68	Ácido oxálico, éster bis(2-etil-hexílico)	22993485	2.38
21	26.45	Ácido heptacosanóico, 25-metil-, éster metílico	4109538	0.42
22	27.47	Ácido oxálico, éster hexadecílico de alilo	10659254	1.10
23	28.02	2-Hexil-1-octanol	4553096	0.47
24	28.38	Ciclo-hexeno, 4-bromo-	10362784	1.07
25	28.90	2R-Acetoximetil-1,3,5-trimetil-4c-(3-metil-2-buteno-1-il)-1c-ciclo-hexanol	4701065	0.49
26	28.98	1-Iodo-2-metilundecano	46367632	4.79
27	29.09	3-Dodecanol, 3,7,11-trimetil-	8417669	0.87
28	29.26	2,6,10,14-Tetrametilpentadecano-2-ol	12672207	1.31
29	29.40	Ácido heptacosanóico, 25-metil-éster metílico	4693417	0.48
30	29.91	2-Hexil-1-octanol	4374431	0.45
31	30.37	cis-9,10-Epoxioctadecano-1-ol	6668817	0.69
32	30.60	Propanoato de ciclo-hexanometilo	7843106	0.81
33	30.97	10-Heneicoseno (c,t)	6634326	0.69
34	31.22	Decano, 1,10-dibromo	54046146	5.58
35	31.32	2,2 Dimetil-propil 2,2-dimetil-propano tiossulfinato	31896993	3.30

Quadro 12 Compostos GC-MS (rotenóides) em calos de *T. cordifolia*

S Não	RT	Nome do composto	Área	Área %
1	4.06	DL-4,5-Octanodiol	675094	0.13
2	11.49	Ácido cítrico, éster trimetil	6770575	1.31
3	11.92	2-Metil-2-cloro-3-nitroso-4-ciclo-hexiloxi-butano	955512	0.18
4	17.46	Ácido ftálico, éster butil oct-3-ílico	255411	0.05
5	18.15	Ácido hexadecanóico, 15-metil-, éster metílico	1219014	0.24
6	18.34	Bicyclo[3.2.0]heptan-3-one, 2-hydroxy-1,4,4-trimethyl-, O-acetiloxime	523385	0.10
7	18.76	Ftalato de dibutilo	539667	0.10
8	18.90	Ácido oxálico, éster ciclobutílico octadecílico	6724772	1.30
9	19.33	N-Metiltaurina	1108535	0.21
10	20.37	5,10-Pentadecadien-1-ol, (Z,Z)-	254239	0.05
11	20.46	cis,cis,cis-7,10,13-Hexadecatrienal	670253	0.13
12	20.77	Ácido heptacosanóico, 25-metil-, éster metílico	1229812	0.24
13	22.72	Ácido oxálico, éster tridecílico de alilo	458600	0.09
14	24.38	1-Hexil-2-nitrociclohexano	842878	0.16
15	25.69	Ácido carbónico, éster 2-etil-hexílico de isobutilo	9979733	1.93
16	26.23	1-Metileno-2b-hidroximetil-3,3-dimetil-4b-(3-metil-but-2-enil)-ciclo-hexano	68350437	13.19
17	26.68	2,6,10-Dodecatrien-1-ol, 3,7,11- trimetil-9- (fenilsulfonil)-, (E,E)-	5387158	1.04
18	26.78	2,6,10-Dodecatrien-1-ol, 3,7,11-trimetil-9- (fenilsulfonil)- (E,E)-	4183993	0.81
19	28.03	Colestan-3-ol, 2-metileno-, (3á,5à)-	40657673	7.84
20	28.98	1-Iodo-2-metilundecano	10348823	2.00
21	29.31	3-Dodecanol, 3,7,11-trimetil-	7589040	1.46
22	30.08	3-Hexeno, 1-(1-etoxietoxi)-, (Z)-	6432510	1.24
23	30.22	1,3-Dioxolano, 2-(3-bromo-5,5,5-tricloro-2,2- dimetilpentil)-	3561650	0.69
24	30.98	2R-Acetoximetil-1,3,5-trimetil-4c-(3-metil-2-buteno-1-il)-1c-ciclo-hexanol	9264135	1.79
25	31.33	10-Pentadecen-5-yn-1-ol, (E)-	3565758	0.69
26	31.60	Trimetil(3,3-difluoro-2-propenil)silano	2544560	0.49
27	31.83	Ácido sulfuroso, éster dodecílico 2-propílico	6571742	1.27

S Não	RT	Nome do composto	Área	Área %
1	5.96	4-Dodeceno, (E)-	3488733	0.54
2	6.63	2,6-Dimetilbenzaldeído	30701665	4.75
3	9.64	4-Tetradeceno, (E)-	7452186	1.15
4	11.09	Tricyclo[6.3.3.0]tetradec-4-ene,10,13-dioxo-	25371183	3.92
5	11.46	Ácido cítrico, éster trimetil	227599358	35.21
6	12.06	Fenol, 2,4-bis(1,1-dimetiletil)-	9909689	1.53
7	12.13	Ácido oxálico, éster ciclobutílico octadecílico	5557612	0.86
8	12.59	6-Isopropoxitetrazolo[1,5-b]piridazina	4042051	0.63
9	13.04	7-Hexadeceno, (Z)-	11866245	1.84
10	13.14	2,2-Dimetil-propil 2,2-dimetil-propanosulfinilsulfona	4338177	0.67
11	13.28	2-Heptanol, 2,6-dimetil-	3415659	0.53
12	14.38	2,3-Diazabicyclo[2.2.1]hept-2-ene, 7-isopropyl-	4089177	0.63
13	16.11	4-Trifluoroacetoxihexadecano	18722903	2.90
14	16.20	1-Iodo-2-metilundecano	5578788	0.86
15	17.10	2-Metil-2-cloro-3-nitroso-4-ciclo-hexiloxi-butano	3431784	0.53
16	17.61	1-Bromo-2-(4-hidroxifenil)etano	6509875	1.01
17	18.15	7,9-Di-tert-butyl-1-oxaspiro(4,5)deca-6,9-diene-2,8- dione	10828298	1.68
18	18.49	2-Bromotetradecano	1810485	0.28
19	18.90	5-Octadeceno, (E)-	26803593	4.15
20	18.97	Ácido oxálico, éster nonílico de alilo	5641737	0.87
21	19.35	Decano, 1,10-dibromo-	2837004	0.44
22	20.34	5,10-Pentadecadien-1-ol, (Z,Z)-	1423930	0.22
23	20.43	cis,cis,cis-7,10,13-Hexadecatrienal	12598997	1.95
24	20.73	Ácido heptacosanóico, 25-metil-, éster metílico	2517501	0.39
25	21.45	5-Eicoseno, (E)-	24407539	3.78
26	23.63	Hexano, 3,4-bis(1,1-dimetiletil)-2,2,5,5- tetrametil-	1912658	0.30
27	24.87	Ácido ciclobutanocarboxílico, éster tridecílico	2723858	0.42
28	25.65	Cis-9,10-Epoxioctadecano-1-ol	7418711	1.15
29	25.96	Ácido oxálico, éster hexadecílico de alilo	9716721	1.50
30	27.97	Ácido oxálico, éster alil octadecílico	14615502	2.26
31	28.28	Ácido oxálico, éster nonílico de alilo	3442926	0.53
32	28.62	1,3-Dioxolano,	16913130	2.62
33	29.10	2-Hidroperfluorobutanoato de 1-metil-4-isopropil-ciclohexilo	8931541	1.38
34	29.90	5,8-Metano-1,7-dioxaciclopent[cd]azuleno-2,6-diona, octa-hidro 2a,9-di-hidroxi-8b-metil-9-(1-metiletil)-	27705295	4.29
35	30.54	2-Hexil-1-octanol	4014359	0.62
36	31.33	3-Dodecanol, 3,7,11-trimetil-	4370946	0.68
37	31.59	4-Metil-1-(adamantina-1)pentanol-1	4521164	0.70
38	31.84	1-Dodecanona, 2-(imidazol-1-il)-1-(4- metoxifenil)-	32742354	5.07

Quadro 14 Compostos GC-MS (rotenóides) na folha de *G. glabra*

S Não	RT	Nome do composto	Área	Área %
1	4.08	Ácido propanoico, éster 2,2-dimetil-, 2,4-dinitrofenílico	12578474	0.44
2	11.50	Ácido cítrico, éster trimetil	27237525	0.94
3	12.08	4-Cloro-3-n-butiltetrahidropirano	59783623	2.07
4	13.15	Ácido oxálico, éster ciclobutílico octadecílico	12914573	0.45
5	14.78	Dissulfureto de 2-furfurilo e 2-oxo-3-pentilo	16495939	0.57
6	16.19	Ácido tetradecanóico	79029761	2.74
7	16.29	Bicyclo[2.2.1]heptan-2-ol, 2-(2-cyclopenten-1-yl)-	25413283	0.88
8	16.82	Z-4-Dodecenol	6261486	0.22
9	17.04	2-Pentadecanona, 6,10,14-trimetil-	254584348	8.82
10	17.96	Hexadecanal, 2-metil-	16382409	0.57
11	18.16	Ácido pentadecanóico, 14-metil-, éster metílico	73865929	2.56
12	18.23	Éster isoamílico do ácido acrílico	8225499	0.29
13	18.77	Ftalato de dibutilo	9091153	0.32
14	19.08	Ácido n-hexadecanóico	578859183	20.06
15	20.25	Ácido oxálico, éster isohexílico de hexadecilo	30778437	1.07
16	20.47	Ácido sulfuroso, éster hexil tetradecílico	42345393	1.47
17	20.99	Ciclo-hexano, 1-(1,5-dimetil-hexil)-4-(4-metilpentil)-	80640826	2.79
18	21.17	Peróxido de bis(1-hidroxiciclohexilo)	9315509	0.32
19	21.30	1-Ciclohexilnoneno	14063098	0.49
20	21.54	2-Piperidinona, N-[4-bromo-n-butil]-	130679456	4.53
21	21.59	1-Bromo-1-cloroetano	133248613	4.62
22	25.42	Éster metílico do ácido ciclopentaneundecanóico	27868707	0.97
23	25.70	Ácido carbónico, éster butílico de 2-etil-hexilo	29129934	1.01
24	27.19	5-oxo-octadecanoato de metilo	20952083	0.73
25	27.48	Ácido oxálico, éster hexadecílico de alilo	7636085	0.26
26	28.56	Ácido benziltioacético, éster benzílico	8335081	0.29
27	28.70	Ácido nítrico, éster nonílico	31587403	1.09
28	29.12	2- Hidroperfluorobutanoato de 1-metil-4-isopropil-ciclohexilo	188810739	6.54
29	29.66	Nonano, 3-bromo-1,1-dicloro-	17281789	0.60
30	29.87	Carbonato de 2-isopropil-5-metilciclohexilo (1-(4-clorofenil)-3-oxobutil)-cumarina-4-ilo	18335569	0.64
31	30.01	Ácido acético, trifluoro, éster de 3,7-dimetiloctilo	172122873	5.96
32	30.09	1-Metileno-2b-hidroximetil-3,3-dimetil-4b-(3-metilbut-2-enil)-ciclo-hexano	30636299	1.06
33	30.62	Colesta-4,6-dien-3-ol, (3á)-	204120032	7.07
34	30.76	Ciclopentadecanona, 4-metilo	50756215	1.76
35	30.81	1-Iodo-2-metilundecano	38215008	1.32
36	30.97	10-Heneicoseno (c,t)	22630599	0.78

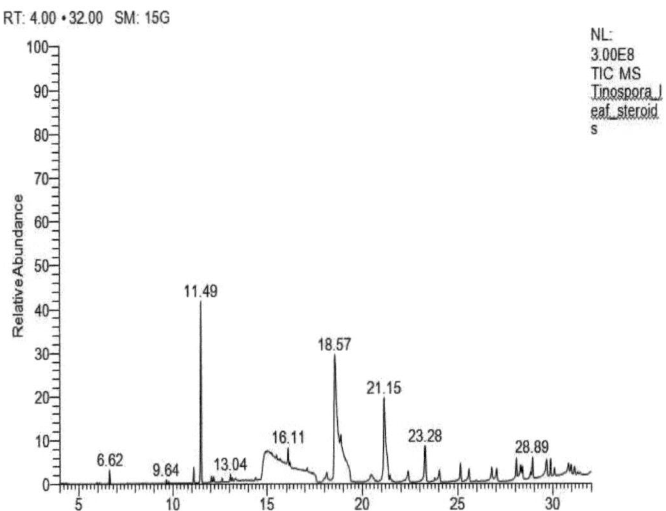

Fig 6 Cromatografia CG-EM da folha de esteroide de *Tinospora cordifolia*

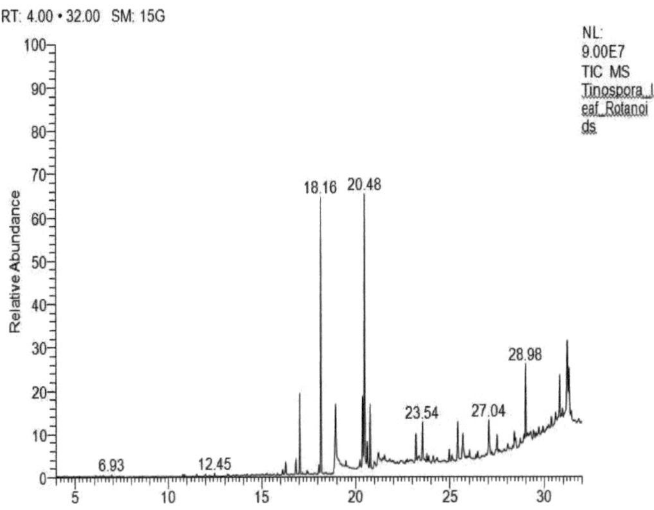

Fig 7 Cromatografia GC-MS da folha de rotenóides de *Tinospora cordifolia*

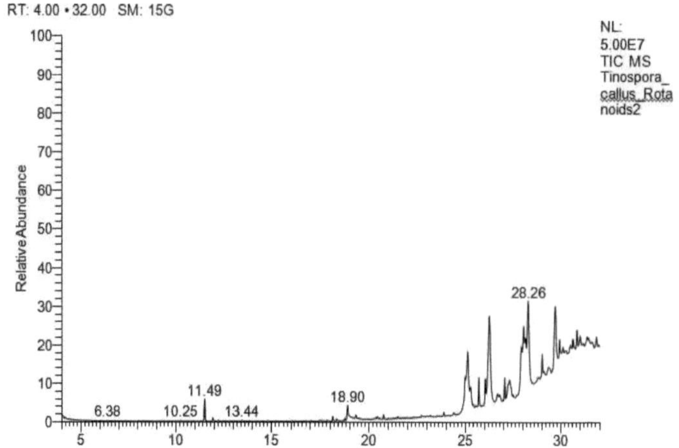

Fig 8 Cromatografia GC-MS de calo de rotenóides de *Tinospora cordifolia*

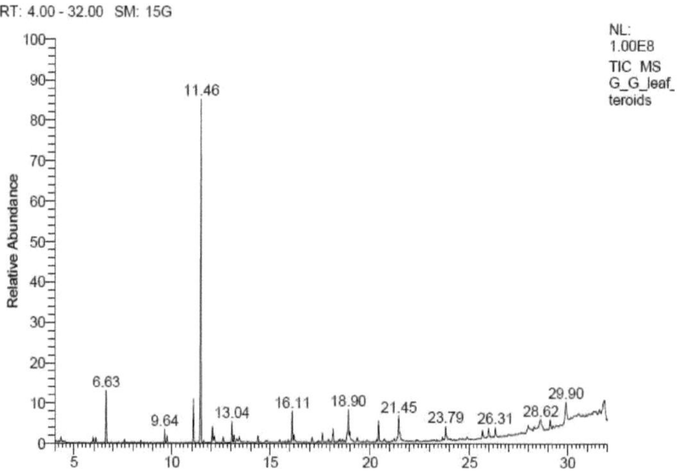

Fig 9 Cromatografia GC-MS de esteróides da folha de *Glycyrrhiza blabra*

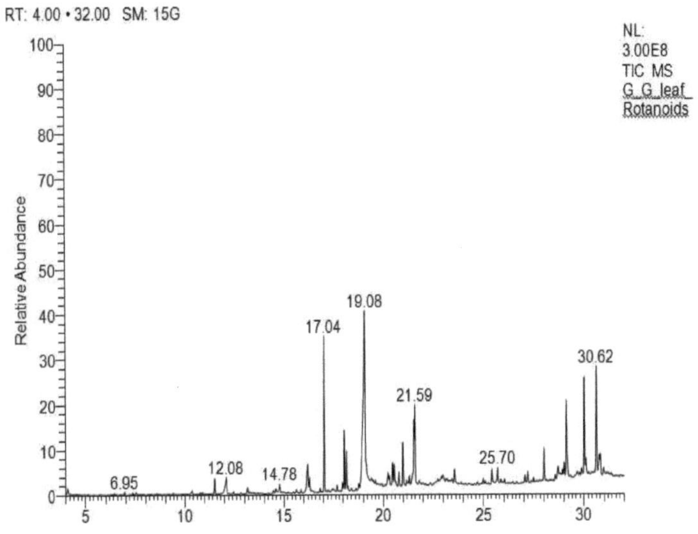

Fig 10 Cromatografia CG-EM da folha de rotenóides de *Glycyrrhiza blabra*

Bioensaio antibacteriano de *Tinospora cordifolia*

A atividade biológica dos extractos etanólico e de benzeno de diferentes partes da planta (folhas e caule) e do calo de *T. cordifolia* foi avaliada para bioensaio antibacteriano. As folhas, o caule e o calo de *T. cordifolia* demonstraram ter um maior potencial para inibir o crescimento de todas as bactérias no extrato de benzeno em comparação com o extrato etanólico. Contrariamente a esta observação, o calo mostrou uma atividade inibidora mais elevada do que o caule seguido das folhas (Quadro 15; Fig. 11). Os extractos etanólicos das folhas mostraram um efeito não tóxico para as bactérias. Os extractos etanólicos de calo mostraram uma zona de inibição máxima do que o extrato de calo de benzeno (Quadro 11). Observou-se que o extrato etanólico de calo era mais tóxico para *S. griseus* com uma zona de inibição de 19±1,03 mm, seguido de *B. subtilis* com 18±1,29 mm e toxicidade mínima em *S. aureus* 12±0,56 mm. O IA variou de 0,5 a 0,77 em *E. coli* e de 0,5 a 1,00 em *S. griseus*, com significância de p<0,01. As folhas de *T. cordifolia* mostraram o seu maior potencial antibiótico contra duas bactérias. *S. aureus* (ZOI 9±0,33 mm) e *S. griseus* (ZOI 15±0,56 mm) em extrato de benzeno, o que é significativo a p<0,01 (placa 9). O caule desta planta também seguiu a mesma tendência e demonstrou IA de 0,28 e 0,5 no extrato etanólico e 0,29 e 0,00 no extrato de benzeno em duas bactérias, respetivamente.

Bioensaio antifúngico de *Tinospora cordifolia*

A atividade antifúngica dos extractos etanólicos de diferentes partes da planta (folhas e caule) e do calo de *T. cordifolia* mostrou uma zona de inibição máxima do que os extractos de benzeno. As folhas, o caule e o calo de *T. cordifolia* mostram que tem um maior potencial para inibir o crescimento de todos os agentes patogénicos fúngicos, mas um efeito menos tóxico em *C. albicans* e *F. oxysporum*. Em contraste com este resultado, o calo exibiu a maior ação inibidora em ambos os extractos etanólicos e de benzeno (Quadro 16; Placa 10). Os extractos etanólicos de calos apresentaram uma maior zona de inibição do que os extractos benzénicos de calos (placa 12). Observou-se que o extrato etanólico do calo foi mais tóxico para *P. funiculosum* (18±0,29 mm) do que para *T. reesei* (16±0,23 mm) e *F. oxysporum* (16±0,96 mm), seguido de *C. albicans* (15±0,33 mm) a p<0,01. Os extractos de benzeno dos calos mostraram um potencial máximo de inibição *do P. funiculosum* com uma zona de inibição de 15±0,76 mm. O patógeno *T. reesei* foi mais suscetível em ambos os extratos, com ZOI variando de 11±0,29 mm a 19±0,56 mm (Fig. 12).

Atividade antibacteriana de *Glycyrrhiza glabra*

O quadro 18 mostra o impacto dos extractos de etanol e benzeno da folha, do caule e do calo nas bactérias. O extrato etanólico da folha não teve qualquer impacto nas quatro bactérias, nomeadamente *E. coli, B. subtilis, S. aureus* e *S. griseus*. Os melhores resultados foram obtidos a partir do extrato de calo em etanol e benzeno contra o agente patogénico *S. griseus*, onde se obtive um ZOI de 20±0,23 mm e 12±0,56 mm, respetivamente, com significância a p<0,01 (placa 15). O IA variou de 0,45 a 1,14 mm em todas as concentrações em *B. subtilis*, indicando a natureza tóxica *de G. glabra*. O extrato etanólico do calo mostrou toxicidade em E. coli com ZOI 21±0,33 mm . O extrato etanólico do calo mostrou o seu potencial antibiótico mais elevado contra *S. aureus* (ZOI 12±0,56 mm) de forma significativa a p<0,01 e o extrato de benzeno do calo mostrou uma toxicidade mínima (placa 15). O calo mostrou maior toxicidade em B. subtilis do que o caule e a folha (Fig. 11).

Atividade antifúngica de *Glycyrrhiza glabra*

A atividade antifúngica dos extractos etanólicos das folhas, do caule e do calo apresentou uma maior toxicidade do que os extractos de benzeno. As folhas, o caule e o calo mostraram uma melhor capacidade de suprimir o crescimento de todos os agentes patogénicos fúngicos. O calo mostrou menos toxicidade em ambos os extractos do que o caule e a folha (Quadro 18; Fig. 12). Os calos não mostraram sinais de toxicidade para *C. albicans* no extrato de benzeno e para *F. oxysporum* tanto no extrato de etanol como no de benzeno (placa 16). Os extractos etanólicos das folhas apresentaram uma toxicidade que variou entre 6±0,33 mm e 16±0,59 mm. A zona máxima de inibição foi observada contra *F. oxysporum* (17±0,19 mm) no extrato etanólico e *P. funiculosum* (12±0,19 mm) no extrato de benzeno do caule. A toxicidade do calo foi observada mais elevada em *C. albicans* com zona de inibição de 15±0,53 mm e mais baixa em *T. reesei* com 11±0,97 mm em extrato etanólico (placa 14). O extrato de etanol e benzeno do caule produziu o efeito antifúngico mais elevado contra todos os quatro agentes patogénicos fúngicos (ZOI 6±0,28 a 17±0,19; AI 0,32 a 1,06), significativo a p<0,05.

Mesa 87 Atividade antimicrobiana da *Tinospora cordifolia* em diferentes extractos brutos

Agente patogénico bacteriano	Extrato etanólico			Extrato de benzeno			Padrão
	Folha	Caule	Calo	Folha	Caule	Calo	
Zona de inibição (mm)							
E. coli	-	-	17±0.93**	8±0.23	6±0.23**	11±0.19**	22±1.09
IA	0.00	0.00	0.77	0.36	0.27	0.5	
B. subtilis	-	16±1.09*	18±1.29**	6±0.29*	14±0.39**	14±0.29*	17.53±0.33
IA	0.00	0.91	1.02	0.34	0.71	0.71	
S. aureus	-	6±0.23**	12±0.56**	9±0.33**	4±0.29*	5±0.19*	21.05±1.23
IA	0.00	0.28	0.57	0.42	0.19	0.23	
S. griseus	-	9±0.33*	19±1.03*	15±0.56*	-	18±1.09**	18.00±0.23
IA	0.00	0.5	1.05	0.83	0.00	1.00	

Padrões: Ciprofloxacina; Índice de atividade = ZOI da amostra de teste/ZOI do padrão. Média±SE, * p< 0,05, ** p<0,01, Todas as colunas (ZOI) são comparadas com o padrão utilizando o teste de Tukey após ANOVA utilizando o software ezanova

Quadro 16 Atividade antimicrobiana da *Tinospora cordifolia* em diferentes extractos brutos

Agente patogénico fúngico	Extrato etanólico			Extrato de benzeno			Padrão
	Folha	Caule	Calo	Folha	Caule	Calo	
Zona de inibição (mm)							
C. albicans	4±0.23**	-	15±0.33*	10±0.39*	-	13±0.56**	20.00±1.73
IA	0.2	0.00	0.75	0.5	0.00	0.65	
P. funiculosum	16±0.96**	10±0.33*	18±0.29**	13±0.23**	18±0.33**	15±0.76**	19.00±0.93
IA	0.84	0.52	0.94	0.68	0.94	0.78	
T. reesei	19±0.56**	18±0.77**	16±0.23**	12±0.96**	14±0.93**	11±0.29**	22.00±0.23
IA	0.86	0.81	0.72	0.54	0.63	0.5	
F. oxysporum	-	6±0.33	16±0.96**	-	6±0.76	15±0.33**	16.00±0.16
IA	0.00	0.37	1.00	0.00	00.37	0.93	

Padrões: Cetoconazol; Índice de atividade = ZOI da amostra de teste/ ZOI do padrão. Média±SE, *P< 0,05, **P<0,01, Todas as colunas (ZOI) são comparadas com o padrão usando o teste de Tukey após ANOVA usando o software ezanova.

Tabela 1788 Atividade antimicrobiana de *Glycyrrhiza glabra* em diferentes extractos brutos

Agente patogénico bacteriano	Extrato etanólico			Extrato de benzeno			Padrão
	Folha	Caule	Calo	Folha	Caule	Calo	
Zona de inibição (mm)							
E. coli	20±0.33**	18±0.93**	21±0.33**	17±0.58**	19±0.29**	10±0.33**	22±1.09
IA	0.90	0.81	0.95	0.77	0.86	0.45	
B. subtilis	18±0.75**	20±0.75**	16±0.39**	18±0.39**	18±0.33**	8±0.23*	17.53±0.33
IA	1.12	1.14	0.91	1.02	1.02	0.45	
S. aureus	21±1.03**	17±0.29**	19±0.26**	21±1.13**	19±0.19**	9±0.29*	21.05±1.23
IA	1.00	0.80	0.90	1.00	0.90	0.42	
S. griseus	21±1.22**	16±0.23**	20±0.23**	20±0.93**	19±0.93**	12±0.56**	18.00±0.23
IA	1.16	0.88	1.11	1.11	1.05	0.66	

Padrões: Ciprofloxacina; Índice de atividade = ZOI da amostra de teste/ZOI do padrão. Média±SE, * p< 0,05, ** p<0,01, Todas as colunas (ZOI) são comparadas com o padrão utilizando o teste de Tukey após ANOVA utilizando o software ezanova.

Quadro 18 Atividade antimicrobiana de *Glycyrrhiza glabra* em diferentes extractos brutos

Agente patogénico fúngico	Extrato etanólico			Extrato de benzeno			Padrão
	Folha	Caule	Calo	Folha	Caule	Calo	
Zona de inibição (mm)							
C. albicans	6±0.33	10±0.39**	15±0.53**	7±0.29*	6±0.28*	-	20.00±1.73
IA	0.3	0.5	0.75	0.35	0.3	0.00	
P. funiculosum	8±0.29*	10±0.33**	13±0.26**	6±0.26*	12±0.19**	6±0.23*	19.00±0.93
IA	0.42	0.52	0.68	0.31	0.63	0.31	
T. reesei	12±0.96**	8±0.29*	11±0.97**	6±0.23*	6±0.19*	9±0.29*	22.00±0.23
IA	0.54	0.36	0.5	0.27	0.27	0.40	
F. oxysporum	16±0.59**	17±0.19**	-	12±0.29**	11±0.23**	-	16.00±0.16
IA	1.0	1.06	0.00	0.75	0.68	0.00	

Padrões: Cetoconazol; Índice de atividade = ZOI da amostra de teste/ ZOI do padrão. Média±SE, *P< 0,05, **P<0,01, Todas as colunas (ZOI) são comparadas com o padrão usando o teste de Tukey após ANOVA usando o software ezanova.

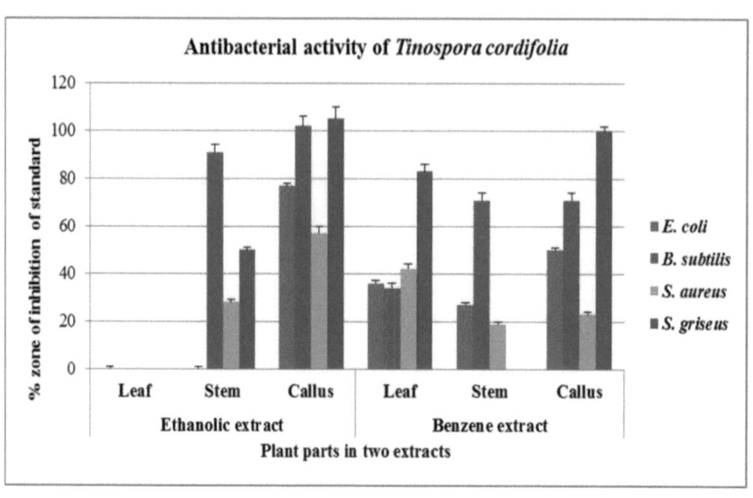

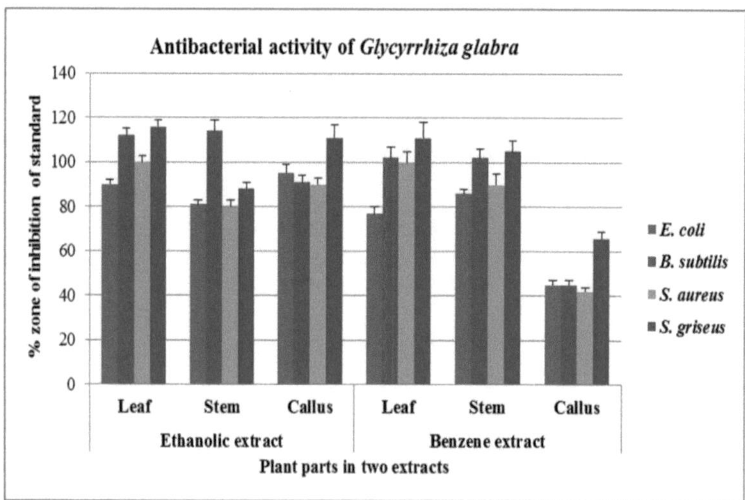

Fig. 11 Estudo comparativo da atividade antimicrobiana de *Tinospora cordifolia* e *Glycyrrhiza blabra*

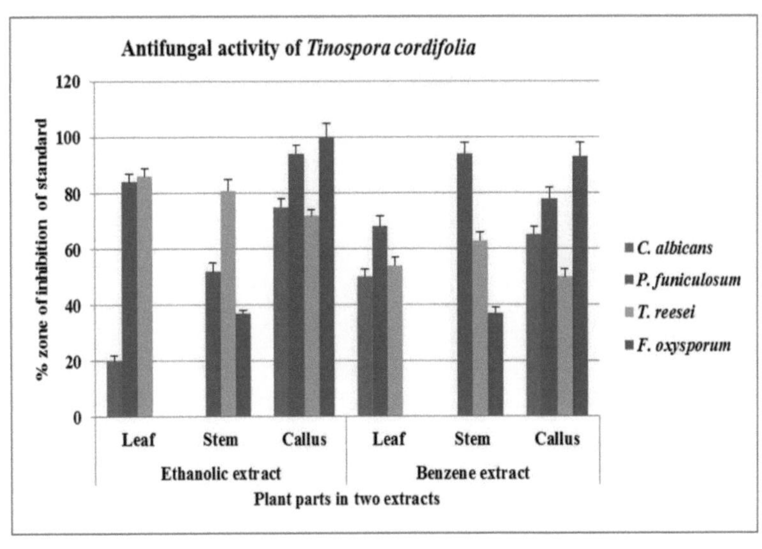

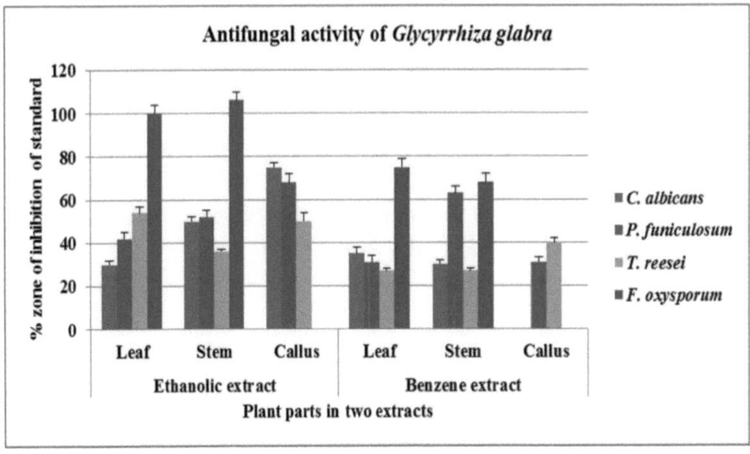

Fig. 12 Estudo comparativo da atividade antifúngica de *Tinospora cordifolia* e *Glycyrrhiza blabra*

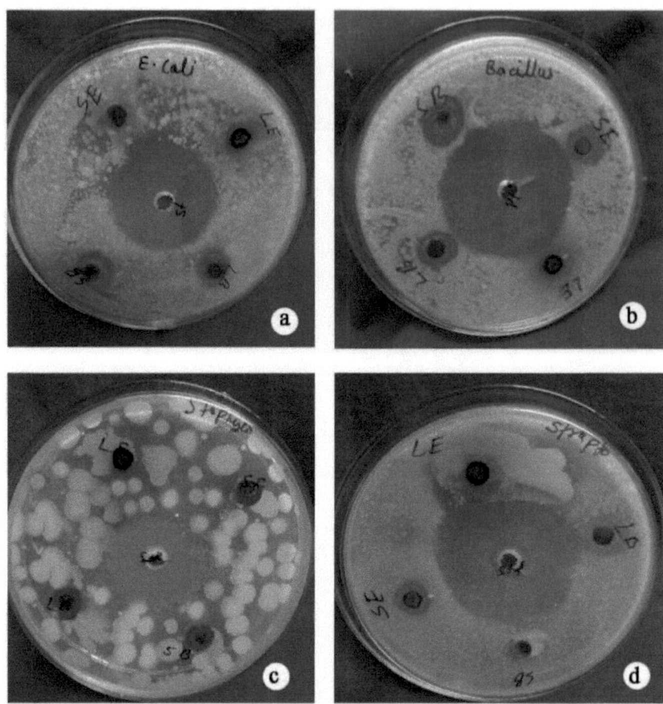

Antibacterial activity of *Tinospora cordifolia* (crude extract)
(a) *E. coli*, (b) *B. subtilis*, (c) *S. aureus*, (d) *S. griseus*

Abbrivations
LE - Leaf ethanolic extract
SE - Stem ethanolic extract
LB - Leaf benzene extract
SB - Stem Benzene extract
Std - Standard

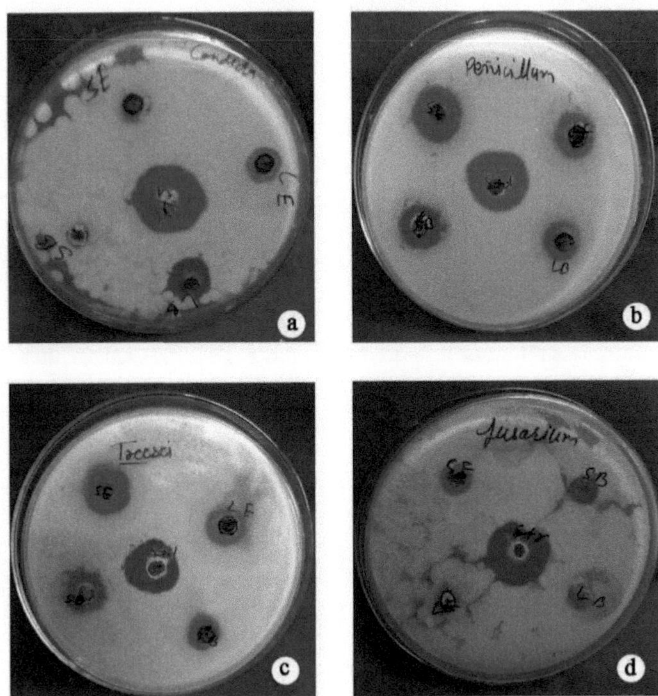

Antifungal activity of *Tinospora cordifolia* (crude extract)
(a) *C. albicans*, (b) *P. funiculosum* (c) *T. reesei*, (d) *F. oxysporum*

Abbrivations
LE - Leaf ethanolic extract
SE - Stem ethanolic extract
LB - Leaf benzene extract
SB - Stem Benzene extract
Std - Standard

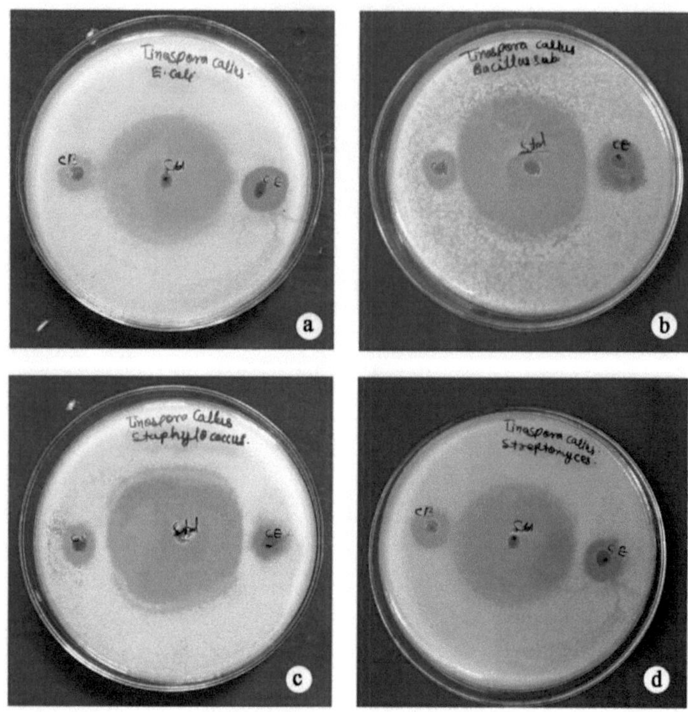

Antibacterial activity of *Tinospora cordifolia* (callus extract)
(a) *E. coli,* (b) *B. subtilis,* (c) *S. aureus,* (d) *S. griseus*

Abbrivations
CE - Callus ethanolic extract
CB - Callus benzene extract
Std - Standard

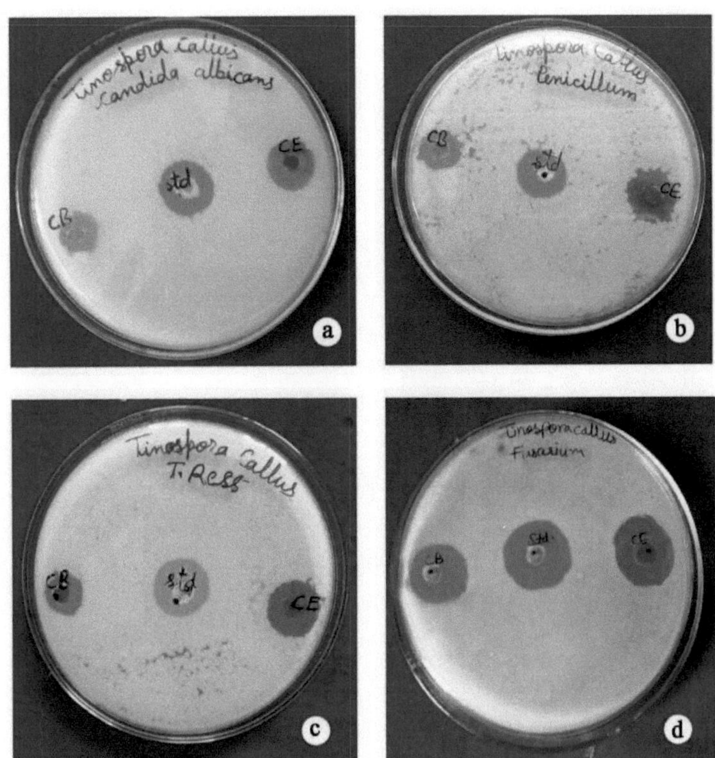

Antifungal activity of *Tinospora cordifolia* (callus extract)
(a) *C. albicans*, (b) *P. funiculosum* (c) *T. reesei*, (d) *F. oxysporum*

Abbrivations
CE - Callus ethanolic extract
CB - Callus benzene extract
Std - Standard

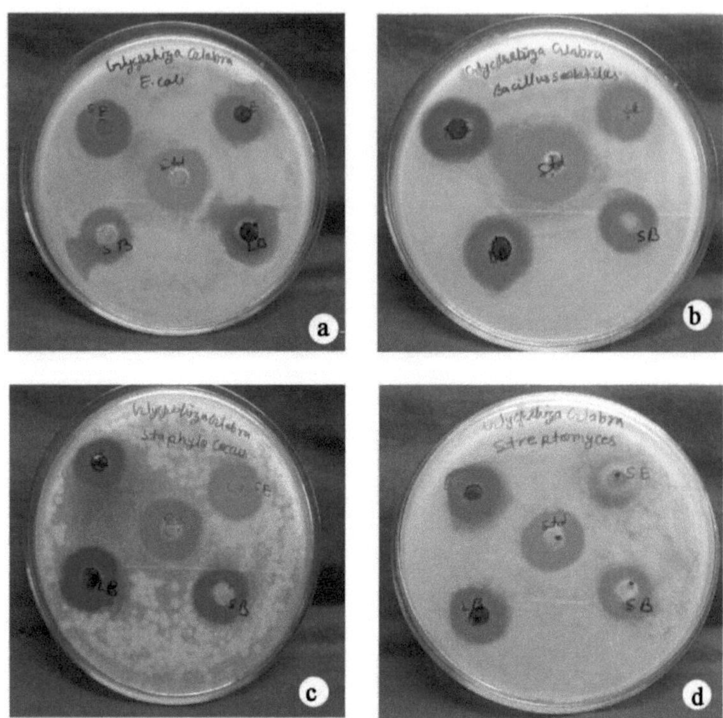

Antibacterial activity of *Glycyrrhiza glabra* (crude extract)
(a) *E. coli,* (b) *B. subtilis,* (c) *S. aureus,* (d) *S. griseus*

Abbrivations

LE - Leaf ethanolic extract
SE - Stem ethanolic extract
LB - Leaf benzene extract
SB - Stem Benzene extract
Std - Standard

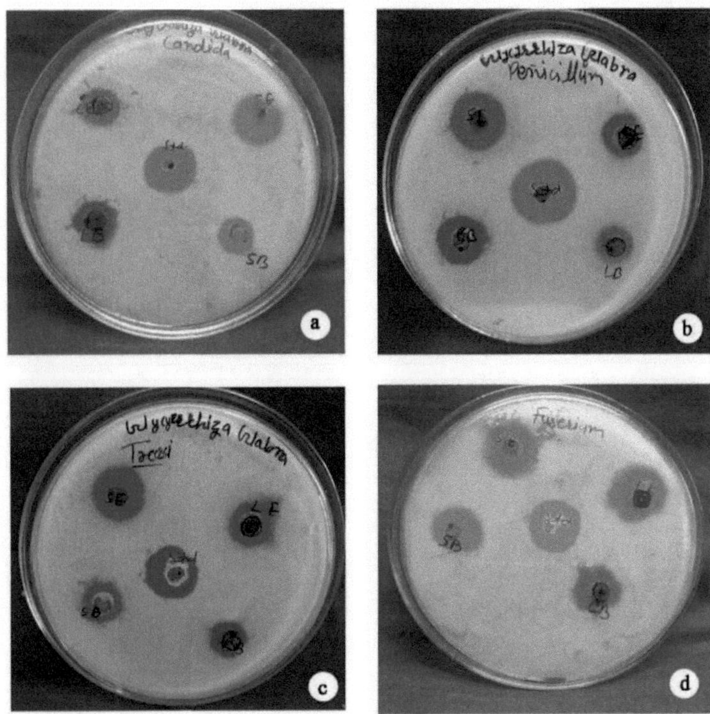

Antifungal activity of *Glycyrrhiza glabra* (crude extract)
(a) *C. albicans*, (b) *P. funiculosum* (c) *T. reesei*, (d) *F. oxysporum*

Abbrivations
LE - Leaf ethanolic extract
SE - Stem ethanolic extract
LB - Leaf benzene extract
SB - Stem Benzene extract
Std - Standard

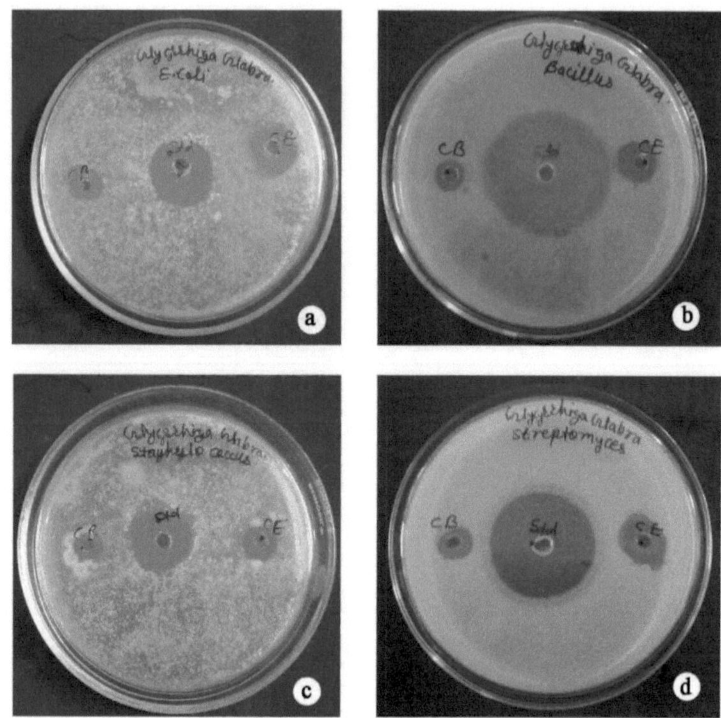

Antibacterial activity of *Glycyrrhiza glabra* (callus extract)
(a) *E. coli*, (b) *B. subtilis*, (c) *S. aureus*, (d) *S. griseus*

Abbrivations
CE - Callus ethanolic extract
CB - Callus benzene extract
Std - Standard

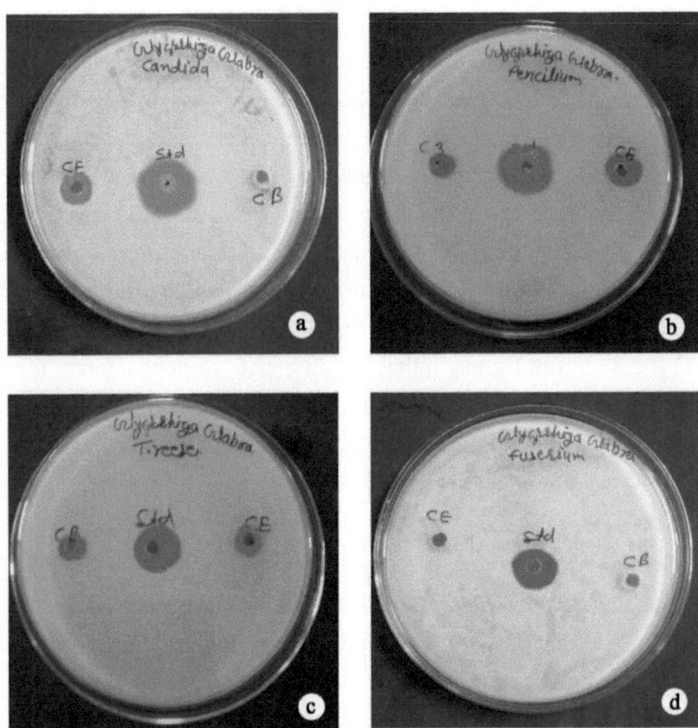

Antifungal activity of *Glycyrrhiza glabra* (callus extract)
(a) *C. albicans*, (b) *P. funiculosum* (c) *T. reesei*, (d) *F. oxysporum*

Abbrivations
CE - Callus ethanolic extract
CB - Callus benzene extract
Std - Standard

Atividade antioxidante da *Tinospora cordifolia*

A atividade antioxidante presente nas folhas, caule e calo de *T. cordifolia* é apresentada no Quadro 19. A atividade antioxidante da *T. cordifolia* foi observada no calo, em comparação com as folhas e o caule. Isto foi evidenciado a partir dos dados observados no ensaio FRAP, que mostra valores mais elevados nas folhas, mas a atividade da peroxidase e da catalase é mais elevada no calo. A atividade FRAP das folhas é de 2,23±0,93 µm/l/g, do caule de 1,47±0,29 µm/l/g e do calo de 1,38±0,23 µm/l/g de peso fresco. A atividade da catalase foi observada mais alta no calo (12,16±0,96 µm/l/g) do que no caule (8,0±0,9µm/l/g) seguido pela folha (6,4±0,4 µm/l/g) na Tabela 19. A peroxidase foi observada 0,36±0,02, 0,84±0,03 e 2,8±23 µm/l/g nas folhas, caule e calo, respetivamente. É evidente que há muita variação nos valores da casca do calo do que no caule e na folha. No entanto, o calo apresentou um elevado grau de variação na atividade da catalase do que a FRAP e a Peroxidase (Fig. 13).

Atividade antioxidante de *Glycyrrhiza glabra*

A atividade antioxidante presente nas folhas, caule e calo de *G. glabra* é apresentada na Tabela 20. A atividade antioxidante da *G. glabra* foi observada no caule, em comparação com a folha e o calo. Foi evidenciado a partir dos dados observados no ensaio FRAP e Catalase, que mostram valores mais elevados no caule em comparação com a folha e o calo e um valor mais elevado na Peroxidase foi observado na folha em comparação com o caule e o calo. A atividade FRAP do caule 2,6±0,29 µm/l/g de peso fresco foi superior à da folha 2,3±0,53 µm/l/g de peso fresco, seguida do calo 1,56±0,33 µm/l/g de peso fresco.89 µm/l/g de peso fresco e a mais baixa em 1,08±0,23 µm/l/g de peso fresco. Uma quantidade moderada foi observada no calo 6,76±0,56 µm/l/g de peso fresco. A peroxidase foi observada alta na folha 2,07±0,33 µm/l/g de peso fresco do que no caule seguido pelo calo. No entanto, as folhas apresentaram a maior atividade de peroxidase em comparação com a FRAP e a peroxidase. No caule e no calo observou-se a maior atividade da catalase do que na FRAP, seguida da peroxidase (Fig. 13).

Quadro 19 Atividade antioxidante da *Tinospora cordifolia*

S.N.	Ensaio antioxidante (mM/l/gDW)	Folha	Caule	Calo
1.	FRAP	2.23±0.93	1.47±0.29**	1.38±0.23**
2.	Catalase	6.4±0.4	8.0±0.9**	12.16±0.96**
3.	Peroxidase	0.36±0.02	0.84±0.03**	2.8±0.23*

Média±SE, * p< 0,05, ** p<0,01, Todas as colunas são comparadas com o padrão usando o teste de Tukey após ANOVA usando o software ezanova.

Quadro 20 Atividade antioxidante da *Glycyrrhiza glabra*

S.N.	Ensaio antioxidante (mM/l/gDW)	Folha	Caule	Calo
1.	FRAP	2.3±0.53	2.6±0.29**	1.56±0.33**
2.	Catalase	1.08±0.23	7.20±0.89**	6.76±0.56**
3.	Peroxidase	2.07±0.33	0.60±0.04*	0.47±0.09*

Média±SE, * p< 0,05, ** p<0,01, Todas as colunas são comparadas com o padrão usando o teste de Tukey após ANOVA usando o software ezanova.

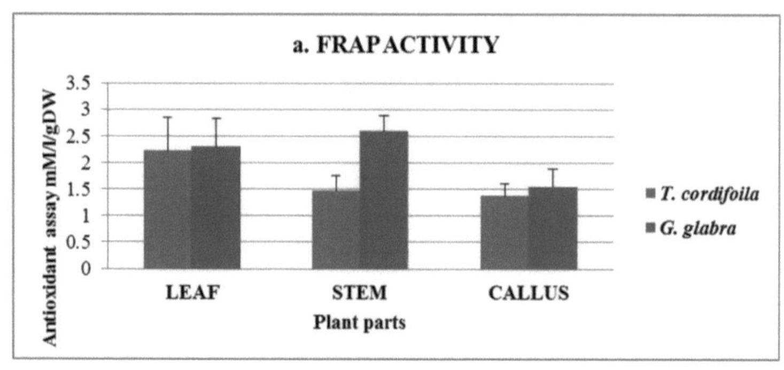

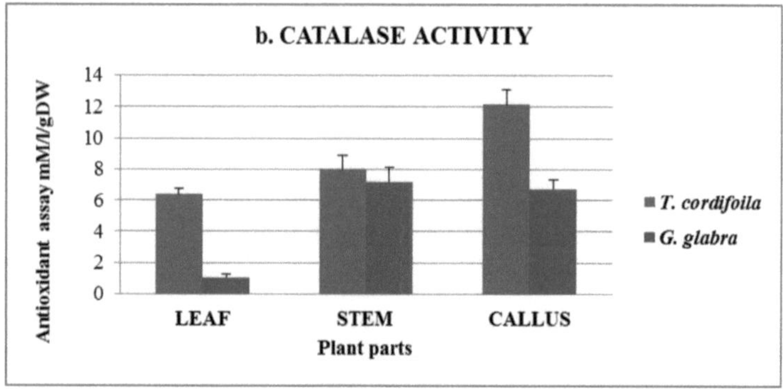

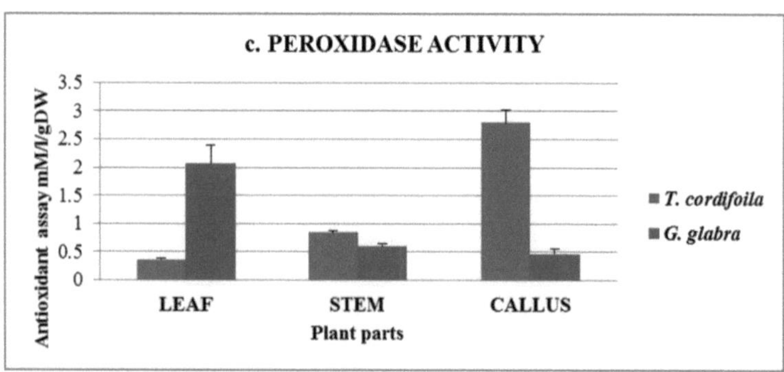

Fig. 13 Estudo comparativo da atividade antioxidante da *Tinospora cordifolia* e da *Glycyrrhiza blabra*

Quadro 21 Cromatografia GC-MS dos esteróides da folha de *G. glabra*

Fórmula	Mol wt g/mol	Composto químico	Natureza da Composto	Atividade biológica	Referência
C H O$_{910}$	134	2,6-Dimetilbenzaldeído	Um aldeído	Atividade anticancerígena	Hajjar *et al.*, 2017
C9H14O7	234	Ácido cítrico, éster trimetil	um éster de ácido cítrico ácido	Atividade anticancerígena	Reddy *et al.*, 2020
CH I$_{22}$	267	Metano, diiodo	Alcano	Atividade anticancerígena	Aminin *et al.*, 2015
C H$_{1730}$ OSi	278	Fenol, 2,4-bis(1,1-dimetiletil)-	Orgânicos aromáticos composto	Anti-sético, analgésico, atividade antimicrobiana	Ngxande-Koza, 2016
C16H32	224	7-Hexadeceno	Alceno	Atividade antimicrobiana	Mou *et al.*, 2013
C H$_{89}$ BrO	200	1-Bromo-2-(4-hidroxifenil)etano	Composto orgânico	Atividade antiviral	Aminin *et al.*, 2015
C18H33F3 O2	338	4-Trifluoroacetoxihexadecano	Alcano	Atividade antiviral	Manilal *et al.*,2020
C17H24O3	276	7,9-Di-tert-butyl-1-oxaspiro(4,5)deca-6,9-dieno-2,8-diona	Cetona	Atividade antimicrobiana	Aminin *et al.*, 2015
C18H36	789	5- Octadeceno	Hidrocarboneto de cadeia longa e um alceno	Atividade antimicrobiana	Khan *et al.*, 2002
C16H26O	234	cis,cis,cis-7,10,13-Hexadecatrienal	Composto orgânico	Atividade antimicrobiana	Mou *et al.*, 2013
C22H32N2 O2	356	n1-Dodecanone, 2-(imidazol-1yl)-1-(4-metoxifenil)-	Cetona	Atividade antimicrobiana	Haddouchi *et al*, 2013
C14H20F6 O2	334	1-Metil-4-isopropil-ciclohexil 2-hidroperfluorobutanoato	Composto orgânico	Atividade antiviral	Aminin *et al.*, 2015
C H O$_{362}$	74	3-Dioxolano	Acetal heterocíclico	Atividade antiviral	Mou *et al.*, 2013

Quadro 22 Cromatografia CG-EM da folha de rotenóides de *G. glabra*

Fórmula	Mol wt	Nome do composto	Natureza do composto	Atividade biológica	Referência
C H$_{917}$ ClO	176	4-Cloro-3-n-butiltetrahidropirano	Composto alifático	Atividade antimicrobiana	Ahmed, 2019
C14H28O2	228	Ácido tetradecanóico/ácido mirístico	gordos saturados de cadeia longa ácido	Antioxidante e atividade antimicrobiana	Elagbar *et al.*, 2016; Liu e Huang, 2012
C18H360	268	2-Pentadecanona, 6,10,14-trimetil-	Ketaone	Antimicrobiano, citotóxico atividade	Essien *et al.*, 2011
C15H30O2	242	Ácido pentadecanóico, 14-metil-, éster metílico	ácido gordo saturado	Antioxidante, anticancerígeno e atividade antimicrobiana	Wei e Wee, 2011
C20H40	280	Ciclo-hexano	Cicloalcano	Atividade antimicrobiana	Shoaib *et al.*, 2020.
C H$_{916}$ BrNO	233	2-Piperidinona, N-[4-bromo-n-butilo]-	Delta-lactama e um composto organobromado	Antimicrobiano e antiviral atividade	Al-Salman *et al*, 2019
C H$_{24}$ BrCl	142	1-Bromo-1-cloroetano	Composto orgânico	Antivirais e anticancerígenos atividade	POSPÍŠIL, T., 2011
C12H21F3 O2	254	Ácido acético, trifluoro-3,7-éster dimetiloctílico	Composto orgânico	Atividade antifúngica	Evanjaline e Beulah, 2019.
C27H44O	384	Cholesta-4,6-dien-3-ol	Esteróides	Anticancerígeno, antimicrobiano atividade	Qurishi *et al.*, 2021
C12H25I	296	1-Iodo-2-metilundecano	um iodoalcano	Atividade citotóxica	Ganesh e Mohankumar, 2017
C16H32O2	256	Ácido n-hexadecanóico	ácido gordo saturado	Atividade antimicrobiana	Mensah-Agyei *et al*, 2020
C21H42	294	10-Heneicoseno	Alceno	Atividade anti-inflamatória	Choi, 2012
C16H16O2 S	272	Ácido benziltioacético, éster benzílico	Ácido orgânico	Atividade antifúngica	Ghorab *et al.*, 2001

Quadro 23 Cromatografia CG-EM da folha de esteroide de *T. cordifolia*

Fórmula	Mol wt g/mol	Nome do composto	Natureza do composto	Atividade biológica	Referência
C H$_{917}$ ClO	138.25	2-Heptanol, 2,6-dimetil	Um álcool	Atividade antioxidante	Yu *et al.*, 2020
C14H28O2	222.37	Ácido benzenepropanóico	Classe dos fenilpropanóides	Atividade antimicrobiana	Hegazi *et al.*, 2000
C18H360	328.6	2-Amino-4-hidroxi-7-[2-(4-metoxifenil)-2-oxoetilideno] 7,8-di-hidro-6(5H)-pteridinona	Um composto organo-oxigénio e um composto organonitrogénio	Atividade antimicrobiana	Hussein *et al.*, 2016
C15H30O2	228.41	1-Dodecanol, 3,7,11-trimetil-	Um álcool	Atividade antioxidante	Yu *et al.*, 2020
C20H40	350.6	1,4-Ciclo-hexadieno, 1,3,6-tris(trimetilsilil)	Composto orgânico	Atividade antimicrobiana	Hussein *et al.*, 2016
C H$_{916}$ BrNO	356.7	éster de 4-benziloxifenilo do ácido o-anisico	Éster metílico	Atividade antimicrobiana	Chuyen *et al.*, 1982
C14H11N O5	273.24	Ácido p-anisico, éster 4-nitrofenílico	Éster metílico	Atividade antifúngica	Abass, M.H., 2017
C H N$_{582}$	96.13	2,3-Diazabiciclo[2.2.1]hept-2-eno, 7-isopropil-	Composto orgânico	Atividade anticancerígena	Schmidt *et al.*, 2013

Quadro 24 Cromatografia CG-EM das folhas de rotenóides de *T. cordifolia*

Fórmula	Mol wt	Nome do composto	Natureza da composto	Atividade biológica	Referência
C18H36O	268.5	2-Pentadecanona, 6,10,14-trimetil	Composto cetónico	Agente aromatizante	Hemalatha *et al.*, 2014
C17H34O2	270.5	Ácido pentadecanóico, 14-metil-, éster metílico	Ácido gordo saturado	Atividade antimicrobiana	Khan *et al.*, 2002
C16H32O2	256.4	Ácido n-hexadecanóico	Compostos orgânicos	Anti-inflamatório e citotoxicidade atividade	Othman *et al.*, 2015
C15H28O	224.38	5,10-Pentadecadien-1ol, (Z,Z)	Álcool	Atividade antimicrobiana	Isabelle e Mónica, 2021
C19H24N2O3S	360.5	Benzamida, 2-[metil(metilsulfonil)amino]-	Amida	Antiarrítmico atividade	Ellingboe *et al.*, 1992
C H N O$_{873}$	161	N-(3-piridil) cianoacetamida	Tiofeno derivados	Atividade antimicrobiana	Schmidt *et al.*, 2013
C16H26O	234.38	cis,cis,cis-7,10,13-Hexadecatrienal	Composto orgânico	Atividade antimicrobiana	Ubaid *et al.*, 2016
C20H40O	296.53	Fitol	Álcool acíclico diterpeno	Antimicrobiano, anti-inflamatório, anti-TB, anticancerígeno atividade	Rajab *et al.*, 1998
C17H32O2	268.4	Ácido ciclopentaneundecanóico, éster metílico	Composto orgânico	Atividade antioxidante	Palakkal *et al.*, 2017
C18H34O4	314.5	Ácido oxálico, éster bis(2-etil-hexílico)	Composto éster	Atividade antimicrobiana	Hussain *et al.*, 2016
C12H25I	296.23	1-Iodo-2-metilundecano	Iodoalcano, organoiodetos	Antimicrobianos e atividade antioxidante	Othman *et al.*, 2015
C10H20Br2	300.07	Decano, 1,10-dibromo	Alcano	Atividade antimicrobiana	Swamy *et al.*, 2015

Quadro 25 Cromatografia CG-EM de calos de rotenóides de *T. cordifolia*

Fórmula	Mol wt	Nome do composto	Natureza do composto	Atividade biológica	Referência
C12H20O7	234	Ácido cítrico, éster trimetil	um éster de ácido cítrico	Atividade anticancerígena	Reddy *et al.*, 2020
C24H44O4	396.6	Ácido oxálico, éster ciclobutílico octadecílico	Composto éster	Atividade antimicrobiana	Hussain *et al.*, 2016
C13H26O3	230.34	Ácido carbónico, éster 2-etil-hexílico de isobutilo	Composto éster	Atividade antioxidante	Syeda e Riazunnisa, 2020
C15H26O	222.37	1-Metileno-2b-hidroximetil-3,3- dimetil-4b-(3-metil-but-2-enil)-ciclo-hexano	Composto orgânico	Atividade antimicrobiana	Hussain *et al.*, 2016
C28H48O	400.7	Colestan- 3-ol, 2-metileno-, (3á,5à)-	Esteróides	Atividade antibacteriana	Hameed *et al.*, 2018
C13H26O3	230.34	3-Dodecanol, 3,7,11-trimetil-	Um álcool	Atividade antioxidante	Yu *et al.*, 2020
C10H20O2	172.26	3-Hexeno, 1-(1-etoxietoxi)-, (Z)-	Alceno	Atividade antimicrobiana	Hussain *et al.*, 2016
C17H36O3S	320.5	Ácido sulfuroso, éster dodecílico 2-propílico	oxoácido de enxofre	Atividade antibacteriana	Hameed *et al.*, 2018

Quadro 26 Total de novos compostos isolados de plantas

SN	Fórmula	Mol wt	Nome do composto	Natureza da composto	Atividade biológica	Plantas Nome	Retenção Tempo
1	C14H18O2	218	Tricyclo[6.3.3.0]tetradec-4- ene,10,13-dioxo-	Composto orgânico	Atividade antibacteriana	*G. glabra*	3.92
2	C H$_{1120}$ ClNO$_2$	233	2-Metil-2-cloro-3-nitroso-4-ciclo-hexiloxi-butano	Composto orgânico	Nenhuma atividade encontrada	*G. glabra*	0.53
3	C H N O$_{795}$	179	6-Isopropoxitetrazolo [1,5-b]piridazina	Composto heterocíclico	Nenhuma atividade encontrada	*G. glabra*	0.63
4	C H$_{87}$ BrO$_2$	215	1-Bromo-2-(4-hidroxifenil)etano	Composto orgânico	Atividade antibacteriana	*G. glabra*	1.01
5	C18H36O2	284	Cis-9,10-Epoxioctadecano-1-ol	Fenol	Atividade antimicrobiana	*G. glabra*	1.15
6	C16H28O	236	4-Metil-1-(adamantly-1)pentanol-1	Fenol	Atividade antimicrobiana	*G. glabra*	0.70
7	C10H14O2S2	230	Dissulfureto de 2-furfurilo e 2-oxo-3-pentilo	Composto inorgânico	Atividade antitrombótica	*G. glabra*	0.57
8	C12H22O4	230	Peróxido de bis(1-hidroxiciclohexilo)	Composto orgânico	Atividade antimalárica	*G. glabra*	0.32
9	C15H28	208	1-Ciclo-hexilnoneno	Composto orgânico	Atividade anticancerígena	*G. glabra*	0.49
10	C H$_{24}$ BrCl	143	1-Bromo-1-cloroetano	Alcano	Atividade antifúngica	*G. glabra*	4.62
11	C16H16O2 S	272	Ácido benziltioacético, éster benzílico	Composto orgânico	Atividade antimicrobiana	*G. glabra*	0.29
12	C20H27N O2	313	Preg-4-en-3-ona, 17à-hidroxi-17á-ciano	Terpeno	Atividade antimicrobiana	*T. cordifolia*	0.92
13	C9H18S3	222	Carbonotriioato de di-terc-butilo	Composto inorgânico	Atividade antimicrobiana	*T. cordifolia*	0.32
14	C12H18S2	226	1,1-Bis(etiltio)-2-feniletano	Composto orgânico	Atividade antimicrobiana	*T. cordifolia*	0.63
15	C10H18O2	170	Propanoato de ciclo-hexanometilo	Composto orgânico	Atividade antimicrobiana	*T. cordifolia*	0.81
16	C18H36O2	284	Cis-9,10-Epoxioctadecano-1-ol	Composto alcoólico	Atividade antimicrobiana	*T. cordifolia*	0.69
17	C H$_{39}$ NO S$_3$	139	N-Metiltaurina	Um ácido aminossulfónico	Atividade antimicrobiana	*T. cordifolia*	0.21
18	C15H26O	222	10-Pentadecen-5-yn-1-ol	Composto alcoólico	Atividade antimicrobiana	*T. cordifolia*	0.69

| 19 | C12H18O | 178 | Biciclo[3.2.0]heptano-3-ona, 2-hidroxi-1,4,4-trimetil-, O-acetiloxime | Composto orgânico | Propriedade antioxidante | *T. cordifolia* | 0.84 |
| 20 | C17H30O3 | 282 | 2R-Acetoximetil-1,3,5-trimetil-4c-(3-metil-2-buten- 1-il)-1c-ciclo-hexanol | Ácido fenólico | Atividade antifúngica e anti-inflamatória | *T. cordifolia* | 1.79 |

Capítulo V

Discussão

A Tinospora cordifolia e a *Glycorrhiza glabra* são duas plantas medicinais com um elevado valor nutricional e utilizadas como medicamentos terapêuticos à base de plantas desde tempos antigos. A Tinospora pertence à família Menispermaceae, que faz parte do grande grupo das Angiospérmicas

(Plantas com flores). Tinospora tem 76 nomes científicos de plantas de nível de espécie na Lista de Plantas. Têm um nó que é cortiça ou papel. Estão presentes na Ásia, África e regiões tropicais e subtropicais da Austrália. *A T. cordifolia* é a espécie mais difundida.

A espécie é nativa da Índia e encontra-se a altitudes de 600 m nregiões tropicais e subtropicais. É também nativa de Myanmar, Sri Lanka, China, Tailândia, Filipinas, Indonésia, Malásia, Bornéu, Vietname, Bangladesh, África do Norte e Ocidental e África do Sul. *Glycyrrhiza é um género de cerca de 30 espécies reconhecidas da família das leguminosas (Fabaceae), com uma distribuição subcosmopolita na Ásia, na Austrália, na Europa e nas Américas* (Shandiz *et al.*, 2017). *Glycyrrhiza deriva das antigas palavras gregas glykos, que significa doce, e rhiza, que significa raiz. No norte da Índia, a Glycyrrhiza glabra é conhecida como mulaithi. A G. glabra, uma planta nativa da Eurásia e do Norte de África, é mais conhecida pelo alcaçuz (inglês britânico; licorice em inglês americano), a partir do qual é fabricada a maior parte do alcaçuz de confeitaria* (Kondo *et al.*, 2007). Para o género Glycyrrhiza, a Lista de Plantas contém 79 nomes científicos de plantas com classificação de espécie.

As Menispermaceae têm sido utilizadas na farmacopeia tradicional, e os medicamentos derivados destas plantas são amplamente utilizados na medicina moderna. Numa revisão exaustiva da literatura, descobriu-se que as espécies de Tinospora são um género de plantas medicinais essenciais utilizadas para o tratamento etnomédico de constipações, dores de cabeça, gripe, diarreia, úlcera oral, asma, doenças digestivas e artrite. Leguminosae é uma família financeiramente significativa que inclui uma gama diversificada de plantas medicinais, muitas das quais são amplamente utilizadas na medicina tradicional africana. Algumas espécies podem ser estudadas mais aprofundadamente para encontrar substâncias químicas antioxidantes e antibacterianas (Chew *et al.*,

110

2011). Vários curandeiros tradicionais afirmaram a eficácia das espécies de Glycyrrhiza como diurético, colerético e pesticida, sendo recomendadas na medicina tradicional para a tosse, constipações e inchaços incómodos (Chopra *et al.*, 2002).

O cultivo *in vitro* de *T. cordifolia* e *G. glabra* só começou ndécada atual. Os cientistas estão a estudar o aumento de metabolitos secundários em tecidos de calos *in vitro* utilizando biotécnicas devido ao seu potencial medicinal e aplicações terapêuticas. Atualmente, existem apenas alguns estudos sobre culturas de calos desta planta. A maior parte da investigação foi efectuada em ambas as plantas. Os componentes químicos das folhas e dos tecidos dos calos de ambas as plantas são também objeto de estudo pioneiro.

Os melhores resultados foram obtidos com 2,4-D sozinho ou em conjunto com cinetina em testes de indução de calos a partir de explantes foliares. Os calos resultantes aumentaram de tamanho nos meios de cultura ao longo do tempo, mas não se distinguiram. O meio basal Murashige e Skoog com cinetina ou cinetina e BAP em combinação produziu a melhor indução de rebentos a partir de explantes nodais. Nos ambientes nativos da Índia, *a Tinospora cordifolia* está a tornar-se cada vez mais rara. Vários estudos mostraram o desenvolvimento de calos em Tinospora na presença de KN e 2, 4-D (Bhalerao *et al.*, 2013).

Foram desenvolvidos vários protocolos para induzir a formação de tecido de calo a partir de diferentes explantes de Tinospora. Quando segmentos nodais, folhas e explantes inter-nodais foram cultivados em meio MS e expostos a várias combinações de hormonas, foi detectado o desenvolvimento de calos. No entanto, em meio MS com cinetina (1,5 mg/l), apenas os explantes nodais demonstraram um melhor desenvolvimento de rebentos. As raízes foram cultivadas num meio contendo 1,0 mg por litro de BAP (1,0 mg) e 2,5 mg por litro de ácido naftalenoacético (Singh *et al.*, 2009).

Os segmentos nodais de Tinospora também foram usados para regenerar numerosos rebentos num meio MS basal suplementado com uma mistura de BA (0,5 mg/l) + NAA (0,2 mg/l). Meio MS basal com BA (1,0mg/l) + IAA (0,2mg/l) foi utilizado para enraizar os rebentos regenerados. Para a aclimatação, as plântulas enraizadas foram transferidas para recipientes com solo durante três semanas e estabeleceram-se com sucesso no solo. Em meios MS contendo BA e cinetina, também foi detectada a proliferação de rebentos. Os micro rebentos foram enraizados em meio MS de meia força suplementado com 0,4 mg/l NAA (Khanapurkar *et al.*, 2012).

Numerosos académicos mostraram a iniciação de calo em *T. cordifolia* e *G. glabra* na presença de BA e Kn (Reddy *et al.*, 2003; Arya *et al.*, 2009). O crescimento clonal de Tinospora foi obtido usando explantes nodais maduros cultivados *in vitro*. O meio MS e o meio para plantas lenhosas (WPM) suplementado com 2,32 m de cinetina foram usados para iniciar os rebentos. O WPM demonstrou ser melhor que o meio MS para a iniciação de numerosos rebentos dos dois meios basais examinados. Para o crescimento de rebentos axilares de *G. glabra*, a benzil adenina (BA) foi mais eficaz do que a cinetina entre as citocininas examinadas (Handique, 2014). O meio de Murashige e Skoog (MS) contendo N6- benziladenina (BA, 0,88-8,87 M) foi utilizado para induzir numerosos rebentos. O rácio de multiplicação foi aumentado para 110 reduzindo os sais principais no meio MS (Thengane *et al.*, 1998). As plantas transplantadas para a estufa sobreviveram a uma taxa de 90%.

Os explantes nodais de Tinospora mostraram ser os melhores explantes para a regeneração *in vitro*. Vale a pena recordar que *a Tinospora cordifolia* tem sido objeto de uma investigação química significativa, com um grande número de componentes identificados até agora. Alcalóides, lactonas diterpenóides, glicosídeos, esteróides, sesquiterpenóides, fenólicos, químicos alifáticos e polissacáridos estão entre os componentes mais frequentemente identificados (Mittal *et al.*, 2014).

Foram cultivados diferentes explantes em meio MS suplementado com combinações variáveis de hormonas de crescimento vegetal para micropropagação de *T. cordifolia* (Handique e Choudhury, 2009), tendo a cinetina a 3,0 mg/l demonstrado ser a mais eficaz para a iniciação de rebentos. Em comparação com os explantes de ponta de rebento, os explantes de gema axilar e de nó cotiledonar responderam bem. A cinetina (3,0mg/l) e o ácido giberélico (0,5mg/l) demonstraram ser os mais eficazes no alongamento de rebentos em meios MS. A polivinilpirrolidona também foi utilizada para otimizar o método de regulação da exsudação de fenol na cultura (Choudhury *et al.*, 2013). Benzil Amino Purina (BAP), Cinetina e Thidiazuron foram utilizados em combinações e quantidades variadas no meio MS basal ao longo deste estudo (TDZ). No prazo de 30 dias após a inoculação, uma mistura de BAP, Kinetin e TDZ em meio MS produziu uma média máxima de rebentos por explante (Sultana *et al.*, 2013).

A abertura de gemas e a proliferação de rebentos axilares de *Glycyrrhiza glabra* L. dependem do tipo ótimo de explante nodal (terminal, intermédio e basal) e das citocininas (6-benziladenina e thidiazuron (TDZ) a 0 a 3 mg L^{-1} . Quando comparados com os explantes nodais terminais ou basais, os explantes nodais intermédios tiveram mais êxito no estabelecimento da cultura asséptica de *G. glabra*. Quando os explantes nodais intermédios foram cultivados em meio MS suplementado com 2 mg L^{-1} TDZ, observou-se a maior abertura de gemas (89%) e proliferação de rebentos axilares (oito rebentos). Em comparação com o ácido indolacético, o meio MS combinado com ácido naftalenoacético (NAA) foi o melhor meio de enraizamento (Shaheen *et al.*, 2020).

O segmento nodal foi uma melhor opção para a calcinação. Os explantes nodais produziram uma resposta rápida do que o segmento foliar em *T. cordifolia* e *G. glabra* (Handique, 2014; Badkhane *et al.*, 2014). Também documentaram uma ligeira variação nas caraterísticas dos calos desenvolvidos para a proliferação de rebentos e raízes. O calo derivado de *T. cordifolia* era castanho-escuro, friável e fora do meio na concentração 0,5+0,2 ppm de 0,5+0,2, enquanto o calo produzido a partir de *G. glabra* era castanho-escuro, friável, aquoso, desenvolvido a partir de explantes nodais na concentração 0,5+2ppm de 2,4-D + BAP no presente estudo. O calo era friável, aguado e possuía cor castanha escura. O calo foi produzido com cor marrom escura média e friável em concn 0,5+1+0,2+0,2 ppm de 2,4-D + BAP + IAA+ KN de *G. glabra*.

Calos compactos brancos e verdes claros produzidos em meio MS contendo NAA e BAP, enquanto calos compactos castanhos claros foram induzidos por 2,4-D. A cultura de células suspensas de *T. cordifolia* foi cultivada em MS+BAP+NAA+2, 4-D em frascos agitados (Srivastava *et al.*, 2011). Os tecidos dos calos eram castanhos escuros em ambas as plantas em explantes foliares no presente estudo. Diferentes combinações de concentrações de auxina e citocinina iniciaram mais calos do que as hormonas individuais.

As melhores culturas de calos foram observadas a 0,3 ppm de 2,4-D em todas as hormonas de crescimento individuais (IBA, NAA, 2, 4-D e KN) no presente estudo. Em *G. glabra*, de diferentes combinações, o melhor calo foi produzido em 0,5mg/l 2,4-D+0,2 mg/l BAP e em *T. cordifolia*, o melhor calo foi produzido em 0,5mg/l 2, 4-D+0,2 mg/l NAA. O calo médio foi produzido em *T. cordifolia* a

2mg/l 2,4-D+1mg/l BAP. O calo médio foi produzido em 0,5 mg/l 2,4-D +1 mg/l BAP +0,2 mg/l IAA + 0,2 mg/l KN com calo castanho escuro, friável e aguado no presente estudo.

No presente estudo, a estimativa bioquímica dos metabolitos primários da presença de compostos fenólicos, rotenóides, esteróides e testes antioxidantes indicaram o papel da atividade biológica destas duas plantas medicinais. As plantas contêm várias substâncias bioactivas, tais como hidratos de carbono (amido, açúcar), proteínas, fenóis, esteróides e outros metabolitos primários que são úteis para sabores, aromas, insecticidas, edulcorantes e cores naturais. No presente estudo, a folha, o caule e o calo da planta foram analisados quantitativamente em termos de hidratos de carbono (amido, açúcar), proteínas, fenóis, esteróides e teor total de rotenóides. As investigações actuais para a avaliação bioquímica dos metabolitos primários das folhas de *T. cordifolia* e *G. glabra* foram realizadas. A avaliação quantitativa dos hidratos de carbono indica que a quantidade de açúcar solúvel total foi mais elevada na folha (1,8±0,03 mg/gdw), seguida do caule (1,6±0,09 mg/gdw) e mínima no calo (1,03±0,02 mg/gdw) de *T. cordifolia*. Em *G. glabra,* a quantidade de açúcar solúvel foi mais elevada no caule (3,2±0,06 mg/gdw) em comparação com o calo e a folha. A concentração máxima de amido foi determinada no caule de *T. cordifolia* e a mais baixa no calo. A medição quantitativa de amido no caule de *G. glabra* (3,4±0,09 mg/gdw) foi superior à da folha (2,0±0,03 mg/gdw), seguida do calo (1,58±0,07mg/gdw). No presente estudo, verificou-se que o teor total de proteínas da *T. cordifolia* era superior no caule e inferior no calo. A quantidade total de proteínas na folha, caule e calo *de G. glabra* foi de 64±2,1, 82±4,2 e 24±2,78 mg/gdw, respetivamente. A quantidade máxima de hidratos de carbono está presente na *G. glabra* do que na *T. cordifolia*. O teor mais elevado de lípidos foi observado no caule e na folha de *T. cordifolia* (10±0,56 e 10±0,39 mg/gdw, respetivamente) e o mais baixo no calo (8,67±0,83 mg/gdw).

O caule *de G. glabra* (10±0,59 mg/gdw) apresentou a medição quantitativa mais elevada de lípidos, seguido da folha e do calo no presente estudo.

Os fenóis têm propriedades de proteção cardiovascular, antivirais, antioxidantes, antitumorais e antibacterianas (Sharma e Batra, 2015). Em comparação com outros componentes da planta, o calo tem a concentração mais elevada de fenol (Singh *et al.*, 2011). Na presente investigação, foram testadas diferentes secções de plantas e calos *in vitro* da planta para determinar a concentração total de fenol. Na investigação atual, verificou-se que a quantidade total de fenol era maior na folha e menor no calo de *T. cordifolia* e *G. glabra*, por ordem decrescente folha > caule > calo.

O conteúdo total de rotenóide foi observado mais alto em *T. cordifolia* em comparação com *G. glabra*. A análise quantitativa de rotenóides da *T. cordifolia* foi máxima no caule (3,00±0,19 mg/g) e depois na folha (2,80±0,23 mg/g), seguida do calo (0,40±0,01 mg/g). O conteúdo total de rotenóides foi encontrado no máximo na folha (2,0±0,29 mg/g) do que no caule e no calo (0,95±0,02 e 0,68±0,01 mg/g, respetivamente) em *G. glabra*. O caule tem o maior teor de rotenóides em *T. cordifolia* e o máximo nas folhas de *G. glabra*

No presente estudo, o estudo quantitativo do conteúdo de esteróides da *T. cordifolia* foi significativamente mais baixo do que o da *G. glabra*. A concentração de esteróides da *T. cordifolia* foi mais elevada na folha, seguida do caule e do calo. Em *G. glabra*, os esteróides totais foram mais elevados na folha. A quantidade moderada foi encontrada no caule e a mais baixa no calo. A quantidade de caule e folha foi significativamente máxima em *G. glabra* do que em *T. cordifolia*, enquanto o calo tem quase a mesma quantidade de esteróides em ambas as plantas.

As espécies de *T. cordifolia* e *G. glabra* são uma fonte de saponinas e rotenóides (Alexyuk *et al.*, 2019; Une *et al.*, 2014) e os produtos químicos detalhados presentes nestas plantas medicinais têm vários valores farmacêuticos. Os fitoconstituintes medidos neste estudo têm uma vasta gama de propriedades medicinais, incluindo saponinas, que são antibacterianas e anticarcinogénicas, rotenóides, que têm propriedades anti-alérgicas, anti-inflamatórias e anti-mutagénicas, propriedades analgésicas, anti-inflamatórias e anti-oxidantes. Este é o trabalho de investigação pioneiro sobre a análise detalhada por GC-MS dos fitoquímicos (saponina e rotenóides) presentes na folha destas duas plantas.

As saponinas são metabolitos secundários de elevado peso molecular. Encontram-se numa grande variedade de espécies vegetais e podem ser encontradas na casca, nas folhas, nos caules, nas raízes e até nas flores. As saponinas têm um sabor azedo e têm demonstrado um grande interesse nestes anos devido às suas muitas funções biológicas, tais como propriedades hepatoprotectoras, anti-úlceras, anti-tumorais, antibacterianas, adjuvantes e anti-inflamatórias. As saponinas são constituídas por uma aglicona lipossolúvel que contém um esterol ou, mais frequentemente, um triterpenóide e resíduos de açúcar solúveis em água. As saponinas são altamente activas à superfície devido à sua natureza anfifílica, e as suas actividades biológicas estão ligadas às suas composições químicas. As saponinas com esteróides e triterpenóides têm efeitos detergentes. Oferecem uma variedade de aplicações terapêuticas, incluindo propriedades microbianas, antitumorais, anti-insectos (Desai *et al.*, 2009), hepatoprotectoras, anti-inflamatórias e anti-melanogénicas, hemolíticas (Kawabata *et al.*, 2011) e anti-inflamatórias. Também regulam os níveis de colesterol no sangue e podem ser utilizadas como adjuvante em vacinas (Zhang *et al.*, 2008). As saponinas são também utilizadas no fabrico de sabões, detergentes, extintores de incêndio, champôs, cerveja e cosméticos (Leon e Johanna, 2018). Muitas saponinas têm ação hemolítica, têm um sabor amargo e são venenosas para os peixes. Têm também várias utilizações nos sectores da culinária, da agricultura e da cosmética. Devido à ocorrência generalizada nas plantas e aos potenciais usos medicinais, as saponinas foram extraídas e identificadas numa variedade de espécies. A estrutura das saponinas pode ser isolada e identificada por RMN, HPLC, GC e TLC.

Nos últimos anos, descobriu-se que a diosgenina, uma saponina esteroidal encontrada em abundância na natureza, tem várias funções biológicas. De um modo geral, foi relatado que a diosgenina, um fitoquímico natural, reduz o stress oxidativo induzido pela diabetes e a dislipidemia, ambos importantes para os riscos cardiometabólicos (Sangeetha *et al.*, 2013). A diosgenina estimula as respostas imunitárias específicas e não específicas. A ação imunoestimulante da diosgenina pode estar relacionada com o seu glicosídeo saponina (Nimbalkar *et al.*, 2018). Hipocolesterolémica, gastroprotectora, antioxidante, anti-inflamatória, antidiabética e anticancerígena (Pari *et al.*, 2012). A diosgenina assemelha-se estruturalmente ao estrogénio. A diosgenina também demonstrou reverter a resistência aos medicamentos muti dos tecidos tumorais e tornar as células cancerosas mais receptivas aos medicamentos quimioterapêuticos. Surpreendentemente, foi relatado que as empresas farmacêuticas utilizam a diosgenina para fabricar medicamentos esteróides. A diosgenina é uma saponina fitoesteróide que está presente nas sementes de *T. foenum-graecum*, frequentemente conhecida como feno-grego, e nas raízes de inhame selvagem (Dioscorea villosa). Verificou-se que a diosgenina tem uma variedade de efeitos biológicos, incluindo atividade hipolipidémica, anti-inflamatória, antiproliferativa, hipoglicémica e anti-oxidante. Além disso, a diosgenina reduziu o crescimento das células cancerosas e causou apoptose nas linhas celulares colorrectais, hepatocelulares, da mama, do osteossarcoma e da leucemia. A diosgenina é outra molécula apelativa com caraterísticas diversas que encontrou utilização nos sectores farmacêutico, alimentar funcional e cosmético (Nimbalkar *et al.*, 2018).

Os rotenóides encontram-se normalmente nas partes superficiais dos órgãos subterrâneos das plantas, onde podem atingir concentrações extremamente elevadas. A rotenona e a deguelina são os rotenóides que afectam as mitocôndrias (Ravanel *et al.*, 1984). Os rotenóides são componentes activos de certos pesticidas vegetais e potenciais agentes anticancerígenos. A separação e a identificação corretas dos rotenóides nas plantas são fundamentais para o estudo e o desenvolvimento futuros da horticultura e da agricultura (Zeng *et al.*, 2002). A rotenona, a deguelina e a eliptona são os rotenóides que possuem propriedades anti-tumorais, atividade insectiscida, piscicida, larvisida e anti-inflamatória (Ito *et al.*, 2004; Vats, 2018; Gaskins, 1972; Pereira e Paz Parente, 2002). Na verdade, são antioxidantes presentes principalmente em frutas, especiarias e bebidas como chá e videira vermelha (Shahidi e Ambigaipalan, 2015). Também actuam como molécula sinalizadora e avisam o organismo do ataque de uma praga. Assim, actuam como um mecanismo de defesa. Além disso, também os protegem contra os raios ultravioleta nocivos (Mathesius, 2018). Os compostos fenólicos são componentes dietéticos encontrados em grãos, frutas e vegetais que têm uma elevada capacidade antioxidante (Melini *et al.*, 2020). Mantêm afastado qualquer tipo de doença grave do organismo quando consumidos diariamente como parte de uma dieta saudável.

No estudo, a diosgenina foi encontrada em maior quantidade em *Glycyrrhiza glabra* do que em *Tinospora cordifolia*. Os valores de Rf de 0,43 em S1 e 0,58 em S2 de *T. cordifolia* e 0,58 em S1 e 0,63 em S2 de *G. glabra* corresponderam à diosgenina normal. Nos sistemas de solventes de clorofórmio, acetona e ácido acético (S1). A análise TLC dos materiais vegetais indicou a existência de três pontos, que corresponderam a rotenóides padrão - rotenona (valor Rf 0,55), eliptona (valor Rf 0,75), deguelina (valor Rf 0,69) e sumatrol (valor Rf 0,35). Outras três localizações no sistema de solvente benzeno:acetato de etilo (S2) corresponderam a rotenóides típicos - rotenona, eliptona, deguelina e Sumatrol, com valores Rf de 0,55, 0,78, 0,70 e 0,39 respetivamente, em *Tinospora cordifolia*. O exame TLC de S1 revelou rotenóides padrão - rotenona (valor Rf 0,55), eliptona (valor Rf 0,75), deguelina (valor Rf 0,69) e Sumatrol (valor Rf 0,69) (valor Rf 0,35). No sistema de solventes S2, a rotenona, a eliptona, a deguelina e o sumatrol apresentaram valores de Rf de 0,55, 0,78, 0,70 e 0,39, respetivamente, em *Glycyrrhiza glabra*.

É importante salientar que foi apresentado um exame completo por GC-MS das folhas e dos nódulos de *T. cordifolia* e *G. glabra*. Os antioxidantes são o melhor remédio para reduzir os radicais livres do corpo e, portanto, convidam a atenção do cientista nutricional para lutar com várias doenças crónicas como doenças virais, hepáticas, cardiovasculares e cancro (Haida e Hakiman, 2019). 2,2-Dimetil-propil 2,2-dimetil- propanesulfinil sulfona possuía potencial anticancerígeno, anti-HIV, antimalárico e anti-inflamatório (Wang *et al.*, 2021). No presente estudo, a folha de exame GC-MS minucioso de rotenóides de *G. glabra* identificou Cholesta-4,6-dien-3-ol que tem propriedades anticancerígenas (Qurishi *et al.*, 2021). O 2,3-Diazabiciclo[2.2.1]hept-2-eno, 7-isopropil- é um composto anticanceroso que foi identificado a partir do extrato de folhas de *G. glabra* (Schmidt *et al.*, 2013) (Quadro 22 e 23).

A maioria dos compostos isolados e identificados a partir de *T. cordifolia* e *G. glabra* apresentaram propriedades antibacterianas e antimicrobianas. Cerca de 15 fitoquímicos possuem atividade antioxidante. Foram registados dois compostos anti-TB. São eles o tetradecano (Girija, *et al.*, 2014) e o fitol (Rajab *et al.*, 1998).

Os resultados deram esperança promissora para futuras descobertas de medicamentos e conceção de medicamentos para doenças crónicas como o cancro e infecções virais. Ambas as plantas possuem uma enorme fonte de compostos fenólicos e esteroidais. Foram identificados 10 compostos anticancerígenos, 4 citotóxicos e 6 antifúngicos. Também foi identificado o composto antidiabético ácido sulfuroso, éster butil decílico (Vivekraj, *et al.*, 2015), ciclobutanona antimalárica, 2(2,6dimetilheptil) (Deepak *et al.*, 2019).

Os compostos antivirais identificados nas plantas são fenol, 2,4-bis(1,1-dimetiletil) , 1-bromo-2-(4-hidroxifenil)etano, 1-metil-4-isopropil-ciclohexil 2-hidroperfluorobutanoato, ácido 2-tiofenacético, éster ciclopentílico (Krishna e Mohan, 2017), ciclohexano (Rajashekhar *et al*, 2014), 3-Dioxolano (Kumar *et al.*, 2011), Ácido tetradecanóico/ácido mirístico (Sharmla *et al.*, 2020), Dodecano (Osuntokun e Cristina, 2019) e 4-Trifluoroacetoxi-hexadecano.

A T. cordifolia e *a G. glabra* são ambas plantas que constituem uma enorme fonte de fenóis e antioxidantes. Apenas o Tinocordiside, um dos 28 fitoquímicos activos da *T. cordifolia* (Giloy), tem a maior semelhança necessária para o SARS-CoV-2 quando comparado com o ligando incorporado N3 (Rakib *et al.*, 2020). Os principais ingredientes activos encontrados nas raízes de *G. glabra* são a glicirrizina e o ácido glicirretínico, utilizados no tratamento de infecções do trato respiratório superior. A atividade antiviral do extrato de raiz foi comprovada *in vitro* contra os coronavírus ligados à SARS, o VIH-1, o vírus sincicial respiratório, o vírus da vaccinia, os arbovírus e o vírus da estomatite vesicular (Gangal *et al.*, 2020). Foi descoberto o Tinocordiside, um novo glicosídeo sesquiterpeno cadinano reestruturado da *T. cordifolia* (Balkrishna *et al.,* 2020; Yang *et al.*, 2020). Além disso, foi recomendado o uso de berberina, colina, octacosanol e quercetina para reduzir a anti-inflamação aguda no tratamento de pacientes com Covid-19 (Saeedi-Boroujeni *et al.*, 2021). A glicirrizina, vulgarmente conhecida como ácido glicirrízico (GLR), é uma saponina triterpenóide derivada principalmente das raízes (*Glycyrrhizae Radix*) das plantas *Glycyrrhiza glabra*. A glicirrizina tem sido amplamente estudada em biologia e medicina pelas suas propriedades farmacológicas, que incluem propriedades antioxidantes, anti-inflamatórias, antialérgicas, antiparasitárias, antivirais e anticancerígenas (Bailly e Vergoten, 2020).

Compostos antitumorais, preventivos do cancro, antiproliferativos e citotóxicos também foram detectados no presente estudo. São eles o ácido tetradecanóico, éster etílico (Gideon, 2015), tetradecano (Girija *et al.*, 2014), ácido cítrico, éster trimetil (Guo *et al.*, 2008), metano, diiodo (Su *et al*, 2012), Cicloheptano, metoxi (Prajapti *et al.*, 2015), 2,6-Dimetilbenzaldeído (Su *et al.*, 2012), Colesta-4,6-dien-3-ol (Liehr *et al*, 1985), 1-Bromo-1-cloroetano (Yasin *et al.*, 2019), Ácido Palmítico, Derivado de TMS (Harada *et al.*, 2002), Fitol (Swamy *et al.*, 2015), Ácido pentadecanóico, 14-metil-, éster metílico (Seddek *et al.*, 2019), Ácido n-Hexadecanóico (Fischer *et al.*, 2003), Heptadecano, 2,6-dimetil (Rhetso *et al.*, 2020) (Quadro 21-25).

Foram identificados 64 compostos bioactivos totais das folhas e 27 do calo através de análises GC-MS do extrato de éter de petróleo das folhas e do calo de *T. cordifolia*. No entanto, 74 fitoquímicos foram identificados a partir do extrato de éter de petróleo das folhas através de análises GC-MS de *G. glabra*.

Um total de 20 novos compostos foram registados em ambas as plantas presentes. Estes compostos bioactivos são Triciclo [6.3.3.0] tetradec-4-eno, 10,13-dioxo-1, 2-Metil-2-cloro-3-nitroso-4-ciclo-hexiloxi-butano, 6-Isopropoxitetrazolo[1,5-b]piridazina, 1-Bromo-2-(4-hidroxifenil)etano, Cis-9,10-Epoxioctadecano-1-ol, 4- metil-1-(adamantel-1)pentanol-1, dissulfureto de 2-furfurilo e 2-oxo-3-pentilo, peróxido de bis(1-hidroxiciclohexilo), 1-ciclohexilnoneno, 1- bromo-1-cloroetano e ácido benziltio-acético, éster benzílico de *G. glabra* e Preg-4-en-3-ona, 17à-hidroxi-17á-cyano, carbonotritiato de di-terc-butilo, 1,1-Bis(etiltio)-2-feniletano, propanoato de ciclo-hexanometilo, cis-9,10-Epoxioctadecano-1-ol, N-metiltaurina, 10-Pentadeceno-5-yn-1-ol, Biciclo[3.2.0]heptan-3-ona, 2-hidroxi-1,4,4- trimetil-, O-acetiloxime, N-Metiltaurina de extractos de folhas e calos de *T. cordifolia* (Quadro 26).

O triciclo[6.3.3.0]tetradec-4-eno,10,13-dioxo- e o 1-bromo-2-(4-hidroxifenil)etano têm atividade antibacteriana (Salem *et al.*, 2018, Elsherif, 2021). O peróxido de bis(1-hidroxiciclohexilo) tem atividade antimalárica (Wang *et al.*, 2007). O dissulfureto de 2-furfurilo 2-oxo-3-pentilo é um composto de enxofre que contém oxigénio e tem atividade antitrombótica (Zhang *et al.*, 2019). O 1-ciclohexilnoneno é um composto orgânico com atividade anticancerígena (Nandagopal *et al.*, 2014). 2R-Acetoximetil-1,3,5- trimetil-4c- (3-metil-2-buten-1-il) -1c-ciclohexanol tem atividade antifúngica (El-Sabbagh *et al.*, 2009) e outro composto tem atividade antimicrobiana.

Os bioensaios antibacterianos e antifúngicos revelam que o extrato de etanol de ambas as plantas possuía um forte potencial especialmente contra as bactérias *S. aureus, B. subtilis, S. griseus,* e *E. coli* e fungos *T. reesei, P. funiculosum* e *A. niger* no presente estudo. Da mesma forma, ambos exibiram um forte potencial antibacteriano contra *E. coli, K. pneumonia, P. aeruginosa, S. aureus, S. pyogenes* e *S. pneumoniae.* As presentes descobertas sobre as propriedades antibacterianas de ambas as plantas estão em corroboração com relatórios anteriores.

T. cordifolia continha Ácido hexadecanóico, éster metílico, dissulfureto de 2-furfurilo e 2-oxo-3-pentilo, ácido n-hexadecanóico, 10- Heneicoseno Ácido benziltio-acético, éster benzílico, Fenol, 5-metil-2- (1-metiletil)- Ácido tetradecanóico, éster etílico (ácido mirístico), ácido 2- benzenodicarboxílico, éster dibutílico Ácido palmítico, 2-Piperidinona, N-[4-bromo-n-butil], ácido esteárico, ácido 9,12-Octadecadienóico trimetilsil (ácido linoleico) 1-Iodo-2-

metilundecano, ácido p-anisico, éster 4-nitrofenílico, 1,3-Dioxolano, (3-bromo-5,5,5-tricloro-2,2- dimetilpentyl)- e tiofeno-2-ol, benzoato. A partir do calo identificámos os principais compostos: N-Metiltaurina , Ácido heptacosanóico, 25-metil-, éster metílico , 1-Iodo-2-metilundecano, Colestan- 3-ol, 2-metileno, (3á,5à)-, 2R-Acetoximetil-1,3,5-trimetil-4c-(3- metil-2-buten-1il)-1c-ciclohexanol e Biciclo [3.2.0] heptan-3-ona 2-hidroxi-1,4,4-trimetil-O-acetiloxime. *A G. glabra* é uma planta importante que contém muitos fitoquímicos úteis únicos identificados pela primeira vez no presente estudo e pode ser utilizada para explorar as perspectivas de conceção e descoberta de futuros medicamentos antivirais e anticancerígenos para o tratamento de doenças crónicas.

O extrato etéreo de petróleo de *G. glabra* e *T. cordifolia* contém substâncias químicas activas biológicas com potencial antifúngico, antibacteriano e antioxidante no presente estudo. O extrato de ambas as plantas também possui excelentes actividades antivirais (Maddi *et al.*, 2018; Kaur *et al.*, 2013). *T. cordifolia* e *G. glabra* são ambas plantas que constituem uma enorme fonte de fenóis e antioxidantes. Além disso, os compostos biológicos activos que estão presentes em ambas as plantas fizeram um esplêndido milagre na rápida recuperação da inflamação aguda induzida pela SARS-CoV-2 (Armanini *et al.*, 2020; Sagar e Kumar, 2020). Além disso, os fitoconstituintes têm sido utilizados para impedir a atividade da protease no tratamento de doentes com Covid-19 (Sinha *et al.*, 2020; Jena *et al.*, 2021).

T. cordifolia teve a maior atividade antibacteriana em um volume de 40 µl a uma concentração de 2%, com uma zona de inibição de 19 mm (Agarwal *et al.*, 2019). *T. cordifolia* demonstrou ter ação antibacteriana contra *Staphylococcus aureus, B. subtilis* e *Escherichia coli*. Os extractos etanólicos e de benzeno das espécies vegetais acima mencionadas revelaram-se mais potentes, o que pode minimizar eficazmente a contaminação por bactérias patogénicas (Upadhyay *et al.*, 2011; Mishra *et al.*, 2014). A eficácia antibacteriana dos extractos de água, etanol e clorofórmio dos caules *de Tinospora cordifolia* contra *Escherichia coli, Proteus vulgaris, Enterobacter faecalis, Salmonella typhi, Staphylococcus aureus* e *Serratia marcesenses* foi investigada utilizando o método de difusão em disco (Jeyachandran *et al.*, 2003).

Os extractos etanólico e de benzeno do calo mostraram uma zona de inibição máxima de 19±1,03 mm e 18±1,09 mm, respetivamente, contra *S. griseus*. Os extractos etanólicos das folhas mostraram um efeito não tóxico nas bactérias e o extrato de benzeno das folhas mostrou um efeito tóxico em todos os agentes patogénicos bacterianos, ou seja, *E. coli, B. subtilis, S. aureus* e *S. griseus.* O extrato etanólico do caule foi mais tóxico para todos os agentes patogénicos bacterianos do que o extrato de benzeno. A atividade antifúngica dos extractos etanólicos de diferentes partes da planta (folhas e caule) e do calo de *T. cordifolia* mostrou uma zona de inibição máxima do que os extractos de benzeno. As folhas, o caule e o calo de *T. cordifolia* mostram que tem um maior potencial para inibir o crescimento de todos os agentes patogénicos fúngicos, mas um efeito menos tóxico em *C. albicans* e *F. oxysporum.*

A G. glabra foi recomendada como uma opção adequada para nos ajudar a controlar as cáries dentárias e as infecções endodônticas (Sedighinia *et al.*, 2012). Quando comparados com medicamentos bactericidas e fungicidas convencionais, os extractos aquosos e etanólicos das raízes de *G. glabra* reduziram consideravelmente o desenvolvimento de microrganismos. A eficácia fungicida da fração de éter dietílico contra *Candida albicans* foi significativa. Os controlos positivos incluíram gentamicina, estreptomicina e fluconazol (Patil *et al.*, 2009). Descobriu-se que a glabridina, um componente ativo das raízes de *G. glabra*, é ativa contra fungos filamentosos. A glabridina também mostrou uma ação modificadora da resistência contra mutantes de *Candida albicans* resistentes aos medicamentos a uma concentração inibitória mínima de 31,25-250 g/mL (Fatima *et al.*, 2009).

Foi demonstrado que o extrato alcoólico da raiz de *G. glabra* tem uma ação antifúngica contra *Candida albicans* (Motsei *et al.*, 2003), bem como contra outros fungos *Arthrinium sacchari* e *Chaetonmium funicola* (Hojo e Sato, 2002). O extrato etanólico da raiz de *G. glabra* demonstrou um espetro de ação consideravelmente mais amplo na presente investigação, sendo eficaz contra diferentes estirpes de *C. albicans*, bem como contra fungos filamentosos, incluindo dermatófitos filamentosos e não dermatófitos. A ação antibacteriana da *G. glabra* é amplamente reconhecida (Gupta *et al.*, 2008). A atividade antibacteriana da *G. glabra* não foi muito relatada, mas a atividade antifúngica foi observada em diferentes agentes patogénicos fúngicos.

No presente estudo, foi estudado o impacto do extrato de etanol e benzeno da folha, do caule e do calo nas bactérias. O extrato etanólico da folha não teve qualquer impacto nas quatro bactérias, nomeadamente *E. coli, B. subtilis, S. aureus* e *S. griseus*. Os melhores resultados foram obtidos a partir do extrato de calo em etanol e benzeno contra o agente patogénico *S. griseus*, onde se obteve um ZOI de 19±1,03 mm e 18±1,09 mm, respetivamente (placa 11). A atividade antifúngica do calo não mostrou sinais de toxicidade sobre *C. albicans* em extrato de benzeno e sobre *F. oxysporum* em ambos os extractos de etanol e benzeno. Os extractos etanólicos das folhas apresentaram uma toxicidade que variou entre 6±0,33 mm e 16±0,59 mm. A zona máxima de inibição foi observada contra *F. oxysporum* (17±0,19 mm) no extrato etanólico e *P. funiculosum* (12±0,19 mm) no extrato de benzeno do caule. A toxicidade do calo foi observada mais elevada em *C. albicans* com zona de inibição de 15±0,53 mm e mais baixa em *T. reesei* com 11±0,97 mm em extrato etanólico. A atividade antifúngica dos extractos etanólicos das folhas, do caule e do calo revelou uma maior toxicidade do que a dos extractos de benzeno.

Foi demonstrado que os antioxidantes defendem contra os danos oxidativos produzidos pelos radicais livres e são continuamente necessários para manter um nível adequado de oxidantes no corpo humano, a fim de manter o equilíbrio das espécies reactivas de oxigénio (ROS). Uma vez que os fitoquímicos podem proteger contra os danos mediados por ROS, podem ser úteis como antioxidantes naturais, nomeadamente na prevenção e na terapia de doenças (Mishra *et al.*, 2013). Os flavonóides, taninos, cumarinas, curcuminóides, xantonas, fenólicos e terpenóides podem ser encontrados em produtos vegetais como frutos, folhas, sementes e óleos. As raízes de *Tinospora cordifolia*, uma erva indígena utilizada na medicina ayurvédica na Índia, demonstraram ter efeitos antioxidantes em ratos diabéticos aloxânicos (Stanely e Menon, 2001). A atividade antioxidante da *Tinospora cordifolia* foi utilizada no tratamento da toxicidade induzida pela ciclofosfamida (Mathew e Kuttan, 1997). *O imunomodulador da Tinospora cordifolia* pode ser potencialmente útil como antioxidante (Desai *et al.*, 2002).

O tratamento com polissacáridos *de G. glabra* pode melhorar a função imunológica e reduzir o stress oxidativo em animais com elevado teor de gordura. As raízes de *G. glabra* têm muita atividade antioxidante (Chopra *et al.*, 2013). *A G. glabra* L. tem uma elevada concentração de antioxidantes sob a forma de metabolitos secundários. Os resultados das experiências *in vitro*, in silico, bioquímicas e histológicas revelaram um forte potencial antioxidante e apoptótico, sugerindo que *a G. glabra* pode ser um alvo melhor para medicamentos que actuam como moléculas de defesa antioxidante, eliminadores de radicais livres e agentes de prevenção do cancro (Hejazi *et al.*, 2017).

A atividade antioxidante da FRAP da *T. cordifolia* foi mais elevada na folha (2,23±0,93 mM/lit/g/D wt), seguida do caule (1,47±0,29 mM/lit/g/D wt) do que no calo (1,38±0,23 mM/lit/g/D wt), sendo a catalase e a peroxidase mais elevadas no calo do que na folha e no caule. Todas as actividades são significativamente comprovadas **p >0,01 e *p >0,05 do caule e do calo em comparação com a folha. A atividade antioxidante da *G. glabra* foi observada no caule, em comparação com a folha e o calo. Verificou-se que a peroxidase era mais elevada na folha (2,070,33 m/l/g de peso fresco) do que no caule e no calo. Apesar disso, as folhas tiveram a maior atividade de peroxidase quando comparadas com FRAP e peroxidase. A atividade da catalase foi maior no caule e no calo, seguida da FRAP e da Peroxidase. A injeção de H O_{22} reduziu significativamente a atividade da CAT (**p >0,01) no caule e no calo em comparação com a folha. A atividade da catalase da *T. cordifolia* foi observada como sendo elevada em comparação com a *G.glabra*. Isto foi evidenciado a partir dos dados observados no ensaio FRAP e Peroxidase, que mostram valores mais elevados em *G. glabra*. A atividade FRAP das folhas é de 2,23±0,93 e 2,3±0,53 µm/l/g DW nas folhas de *T. cordifolia* e *G. glabra*. No entanto, o potencial de peroxidase foi três vezes maior em *G. glabra* do que em *T. cordifolia*. Assim, o calo de *T. cordifolia* apresenta um potencial antioxidante mais elevado.

Os resultados mais notáveis do presente estudo incluem o isolamento e a identificação dos principais compostos totais destas duas plantas. Além disso, foram detectados compostos antivirais e anticancerígenos importantes em ambas as plantas. Os calos de *T. cordifolia* e *G. glabra* continham elevados níveis de antioxidantes. Os fitoquímicos de ambas as plantas eram ricos em antioxidantes, fenol, rotenona e esteroides, que devem ser explorados no futuro para determinar os seus valores terapêuticos no tratamento de doenças crónicas como antivirais e antitumorais e como nutracêuticos.

A Índia tem uma das tradições medicinais à base de plantas mais extensas do mundo. As plantas medicinais são importantes não só como remédios tradicionais, mas também como produtos comerciais. Neste estudo, *a T. cordifolia* foi estudada do ponto de vista farmacológico e fitoquímico. As espécies vegetais foram padronizadas e comparadas de acordo com as recomendações da OMS. Os extractos *in vitro* do caule *da T. cordifolia* apresentam uma quantidade considerável de atividade antibacteriana contra bactérias gram positivas e gram negativas, o que sugere que podem ser utilizados como método terapêutico para a gestão e tratamento de doenças infecciosas. Foi revelado que o extrato metanólico foi mais eficaz contra ambos os tipos de bactérias. Foi demonstrado que o caule da *T. cordifolia* contém uma variedade de fitoquímicos. A atividade antioxidante do extrato metanólico do caule *da T. cordifolia* também foi mais elevada.

Uma vez que os medicamentos convencionais têm mais efeitos adversos do que os medicamentos à base de plantas, tem havido um aumento da procura destes em todo o mundo. Isto proporciona uma base sólida para a seleção de plantas para investigação fitoquímica e farmacológica subsequente. A eficácia terapêutica da *G. glabra* é confirmada pela investigação farmacológica e clínica incluída nesta revisão. A presença de componentes químicos sugere que a planta pode ser utilizada para a criação de novos medicamentos para o tratamento de doenças no futuro. Neste contexto, é necessária mais investigação para investigar o potencial da *G. glabra* Linn para a prevenção e tratamento de doenças.

Como resultado, o presente estudo aponta aos futuros investigadores o caminho certo para realizarem investigação sobre ambas as plantas, a fim de obterem alguns medicamentos com significado medicinal. Devido à sua segurança e eficácia, *a T. cordifolia* e *a G. glabra* são uma fonte viável de medicamentos devido aos seus constituintes biológicos activos e às suas propriedades farmacológicas e terapêuticas. Com o desenvolvimento da glabridina e da tinosporina como uma poderosa molécula líder para a ação antimicobacteriana, anticancerígena e antidiabética, os nossos resultados apoiam a utilização etnomédica da *G. glabra* e da *T. cordifolia* para curar a tosse e as doenças associadas ao peito. A sua relação estrutural e de atividade (SAR) pode ajudar a uma maior otimização no futuro para um melhor candidato terapêutico. Os extractos destas plantas podem ser utilizados como uma boa fonte de medicamentos benéficos, e os seus valores quantitativos podem ser utilizados como um instrumento-chave para estabelecer o perfil de controlo de qualidade de um medicamento. É possível concluir que os caules grossos podem ser utilizados para produzir produtos de alta qualidade.

Capítulo VI

Significado

A tese incorpora o trabalho de investigação apresentado para obtenção do grau de doutoramento intitulado "Análise fitoquímica de *Tinospora cordifolia* Miers. e *Glycyrrhiza glabra* Linn., sua eficácia antimicrobiana e actividades antioxidantes". *A Tinospora cordifolia* e *a Glycyrrhiza glabra* Linn. são duas plantas medicinais utilizadas na medicina herbal terapêutica contemporânea desde tempos remotos. *A T. cordifolia*, nativa das regiões tropicais do subcontinente indiano, pertence à família Menispermaceae, com 75 géneros e 520 espécies no mundo. *A G. glabra* é membro da família Fabaceae. Conhecida como alcaçuz, é uma erva com flor, originária da Europa, Ásia e América do Norte.

O trabalho de investigação inclui a recolha de material vegetal do campo e a sua avaliação quanto à presença de fitoquímicos. Os fitoquímicos, principalmente sapogenina e rotenóides presentes nas partes da planta, ou seja, nas folhas e no caule de ambas as plantas, foram isolados e identificados. A análise qualitativa e quantitativa foi efectuada utilizando métodos normalizados. Além disso, a sapogenina e os rotenóides foram analisados por cromatografia gasosa e espetroscopia de massa (CG-EM). As actividades antimicrobianas de *T. cordifolia* e *G. glabra* também foram investigadas utilizando bioensaios bacterianos e fúngicos. As várias técnicas metodológicas utilizadas para o isolamento e a identificação das moléculas bioactivas presentes na *T. cordifolia* e na *G. glabra* foram a TLC para a análise qualitativa e quantitativa da sapogenina e da rotenona, a espetroscopia GC-MS, o ensaio do poder antioxidante redutor férrico (FRAP), o ensaio da peroxidase e a atividade da peroxidase.

As melhores culturas de calos foram observadas a 0,3 ppm de 2,4-D em todas as hormonas de crescimento individuais (IBA, NAA, 2, 4-D e KN) no presente estudo. Em *G. glabra*, de diferentes combinações, o melhor calo foi produzido em 0.5mg/l 2, 4-D+0.2 mg/l BAP e em *T. cordifolia*, o melhor calo foi produzido em 0.5mg/l 2, 4-D+0.2 mg/l NAA. O calo médio foi produzido em *T. cordifolia* a 2mg/l 2, 4-D+1mg/l BAP. O calo médio foi produzido em 0,5 mg/l 2,4-D +1 mg/l BAP +0,2 mg/l IAA + 0,2 mg/l KN com calo castanho escuro, friável e aguado no presente estudo. Em *T. cordifolia* e *G. glabra*, os calos em meios MS com 2, 4-D+NAA (0,5+0,2 ppm concn) e 2, 4-D+BAP (0,5+0,2 ppm concn) deram os melhores resultados, respetivamente. O peso seco máximo (6,25±0,29 g em

T.cordifolia; 7,36±0,33 g em *G. glabra*) foi observado após 8 semanas, tendo diminuído depois disso. O crescimento de tecidos de calo com 8 semanas de idade foi maior em comparação com tecidos de calo com 10 semanas de idade derivados de segmentos nodais de ambas as plantas. O índice de crescimento dos tecidos de calo foi mais alto em *G. glabra* de 2nd a 10th semana.

No presente estudo, a estimativa bioquímica dos metabolitos primários da presença de compostos fenólicos, rotenóides, esteróides e testes antioxidantes indicaram o papel da atividade biológica destas duas plantas medicinais. As plantas contêm várias substâncias bioactivas, tais como hidratos de carbono (amido, açúcar), proteínas, fenóis, esteróides e outros metabolitos primários que são úteis para sabores, aromas, insecticidas, edulcorantes e cores naturais. No presente estudo, a folha, o caule e o calo da planta foram analisados quantitativamente em termos de hidratos de carbono (amido, açúcar), proteínas, fenóis, esteróides e teor total de rotenóides. As investigações actuais para a avaliação bioquímica dos metabolitos primários das folhas de *T. cordifolia* e *G. glabra* foram realizadas. A avaliação quantitativa dos hidratos de carbono indica que a quantidade de açúcar solúvel total foi mais elevada na folha (1,8±0,03 mg/gdw), seguida do caule (1,6±0,09 mg/gdw) e mínima no calo (1,03±0,02 mg/gdw) de *T. cordifolia*. Em *G. glabra,* a quantidade de açúcar solúvel foi mais elevada no caule, 3,2±0,06 mg/gdw, em comparação com o calo e a folha. A concentração máxima de amido foi determinada no caule de *T. cordifolia* e a mais baixa no calo. A medição quantitativa de amido no caule de *G. glabra* (3,4±0,09 mg/gdw) foi mais elevada do que na folha (2,0±0,03 mg/gdw), seguida do calo (1,58±0,07mg/gdw). No presente estudo, verificou-se que o teor total de proteínas da *T. cordifolia* era superior no caule e inferior no calo. A quantidade total de proteínas na folha, caule e calo *de G. glabra* foi de 64±2,1, 82±4,2 e 24±2,78 mg/gdw, respetivamente. A quantidade máxima de hidratos de carbono está presente na *G. glabra* do que na *T. cordifolia*. O teor mais elevado de lípidos foi observado no caule e na folha de *T. cordifolia* (10±0,56 e 10±0,39 mg/gdw, respetivamente) e o mais baixo no calo (8,67±0,83 mg/gdw).

O caule *da G. glabra* (10±0,59 mg/gdw) apresentou a medição quantitativa mais elevada de lípidos, seguido da folha e do calo no presente estudo.

Diferentes secções da planta e calos *in vitro* da planta foram testados quanto à concentração de fenol total na presente investigação. A quantidade total de fenol foi maior na folha, 2,2±0,06 mg/gdw, e menor no calo, 1,270,05 mg/gdw, na investigação atual da *T. cordifolia*. Em *G. glabra*, a quantidade total de fenol foi de 1,2±0,04, 1,15±0,03 e 0,68±0,01 mg/gdw na folha, no caule e no calo, respetivamente. Na investigação atual, verificou-se que a quantidade total de fenol era maior na folha e menor no calo de *T. cordifolia* e *G. glabra*, por ordem decrescente folha > caule > calo.

Os teores totais de rotenóides foram observados mais elevados em *T. cordifolia* em comparação com *G. glabra*. A análise quantitativa de rotenóide de *T. cordifolia*. O conteúdo de rotenóides de *T. cordifolia* foi máximo no caule (3,00±0,19 mg/g) do que na folha (2,80±0,23 mg/g) seguido pelo calo (0,40±0,01 mg/g). O conteúdo total de rotenóides foi encontrado no máximo na folha (2,0±0,29 mg/g) do que no caule e no calo (0,95±0,02 e 0,68±0,01 mg/g, respetivamente) em *G. glabra*. O caule apresenta o maior teor de rotenóides em *T. cordifolia* e o máximo nas folhas de *G. glabra*.

No presente estudo, o estudo quantitativo do conteúdo de esteróides da *T. cordifolia* foi significativamente mais baixo do que o da *G. glabra*. A concentração de esteróides da *T. cordifolia* foi mais elevada na folha, seguida do caule e do calo. Em *G. glabra*, os esteróides totais foram mais elevados na folha. A quantidade moderada foi encontrada no caule e a mais baixa no calo. A quantidade de caule e folha foi significativamente máxima em *G. glabra* do que em *T. cordifolia*, enquanto o calo tem quase a mesma quantidade de esteróides em ambas as plantas.

No estudo, a diosgenina foi encontrada em quantidade máxima na *Glycyrrhiza glabra* do que na *Tinospora* cordifolia. Os valores Rf de 0,43 em S1 e 0,58 em S2 de *T. cordifolia* e 0,58 em S1 e 0,63 em S2 de *G. glabra* corresponderam à diosgenina normal. O exame TLC dos materiais vegetais revelou a presença de três pontos nos sistemas de solventes de clorofórmio, acetona e ácido acético (S1), que corresponderam a rotenóides padrão - rotenona (valor Rf 0,55), eliptona (valor Rf 0,75), deguelina (valor Rf 0,69) e sumatrol (valor Rf 0,35). Outras três localizações no sistema de solvente benzeno:acetato de etilo (S2) corresponderam a rotenóides típicos - rotenona, eliptona, deguelina e sumatrol, valores Rf de 0,55, 0,78, 0,70 e 0,39 individualmente, em *Tinospora cordifolia*. O exame TLC de S1 revelou rotenóides padrão - rotenona (valor Rf 0,55), eliptona (valor Rf 0,75), deguelina (valor Rf 0,69) e Sumatrol (valor Rf 0,69) (valor Rf 0,35). No sistema de solventes S2, a rotenona, a eliptona, a deguelina e o sumatrol apresentaram valores de Rf de 0,55, 0,78, 0,70 e 0,39, respetivamente, em *Glycyrrhiza glabra*.

Foi identificado um total de 29 compostos bioactivos através de análises GC-MS de folhas *de T. cordifolia* para estimativa de esteróides. No entanto, foram extraídos e identificados 29 fitoquímicos da folha desta árvore. Os principais compostos bioactivos com área percentual máxima são 1,2-Benzenodiol, o(4-metoxibenzoil)-o- (2,2,3,3,3,4,4,4,4-heptafluorobutiril) (19,88 %), 2-Heptanol, 2,6-dimetil (14,02%), ácido benzeno-propanoico, à-(acetiloxi)-á-butil-à- (metiltio)-, éster metílico (5.00 %),7E-2-Amino-4-hidroxi-7-[2-(4-metoxifenil)-2-oxoetilideno]-7,8-di-hidro-6(5H)-pteridinona (5,04%), 1,4-Ciclohexadieno, 1,3,6-tris(trimetilsilil) (4.15 %) e 1,3-Dioxolano, -(3-bromo-5,5,5-tricloro-2,2-dimetilpentil) 1,74 % das folhas de *T. cordifolia*.

Foi identificado um total de 35 compostos nas folhas de *T. cordifolia*. Os principais compostos bioactivos presentes nas folhas de *T. cordifolia* para a estimativa de rotenóides com maior percentagem foram cis,cis,cis-7,10,13-Hexadecatrienal 16.08 %, ácido pentadecanóico, 14-metil-, éster metílico 14,20 %, ácido n-hexadecanóico 8,07%, decano, 1,10-dibromo 5,58%, 1-Iodo-2-metilundecano 4,79%, pentadecanona, 6,10,14-trimetil- 3.97%, 2,2-Dimetil-propil 2,2-dimetil propano tiossulfinato 3,30%, 1,1,3-1-(1,5-Dimetil-4-Hexenil)-4-Metilbenzeno 2,66%, Trietoxibutano 2,02%, Ácido ciclopentano undecanóico, éster metílico 2.50 %, ácido oxálico, éster bis(2-etil-hexílico) 2,38%, ácido oxálico, éster alil hexadecílico 1,10 % e 2,6,10,14-Tetrametilpentadecano-2- ol 1,31 % extraídos e identificados das folhas de *T. cordifolia*. O total de 35 compostos bioactivos foi extraído do GC-MS das folhas de *T. cordifolia*.

O perfil GC-MS de rotenóides isolados de calos de *T. cordifolia* 27 compostos bioactivos foram identificados a partir do cromatograma GC-MS com compostos rotenóides importantes com % de área máxima é apresentado. Os principais compostos identificados são 1-Metileno- 2b-hidroximetil-3,3-dimetil-4b-(3-metilbut-2-enil)-ciclohexano (13,19%), Colestan-3-ol, 2-metileno-, (3á,5à)- (7,84 %), 1-Iodo-2-metilundecano (2.00%), 3-Dodecanol, 3,7,11-trimetil (1,46%), 3-Hexeno, 1-(1-etoxietoxi),(Z) (1,24%), 2R-Acetoximetil-1,3,5- trimetil-4c-(3-metil-2-buten-1-il)-1c-ciclohexanol (1,79%) e Ácido sulfuroso, éster dodecil 2-propil (1,27%). Os compostos bioactivos mínimos do calo são N-Metiltaurina, 1,3-Dioxolano, 2-(3-bromo-5,5,5-tricloro-2,2-dimetilpentyl) e ácido heptacosanóico,

25-metil, éster metílico.

O GC-MS de esteróides da planta medicinal *G. glabra* 38 fitocompostos foram identificados nas folhas. Os principais compostos com área máxima são apresentados no cromatograma GC-MS. O composto principal identificado com a área % máxima é o ácido cítrico, éster trimetil (35,21%). Os outros fitoquímicos são n-1- Dodecanona, 2-(imidazol-1-il)-1-(4-metoxifenil) (5,07%), 2,6-Dimetilbenzaldeído (4,75%), 5,8-Metanol, 7-dioxaciclopente azuleno- 2,6-diona, octa-hidro 2a,9-di-hidroxi-8b-metil 9(1-metiletil) (4.29%), 5-Octadeceno (4,15%), Triciclo[6.3.3.0]tetradec-4-eno10,13 dioxo (3,92%), 5-Eicoseno (3,78%), 4-Trifluoroacetoxihexadecano (2,90%), Tetradecano (2,06%) e 7-Hexadeceno, (1,84%).

Um total de 36 compostos bioactivos estavam presentes na folha desta planta. Os principais compostos importantes com área máxima são 2- Pentadecanona, 6,10,14-trimetil (8,82%), Cholesta-4,6-dien-3-ol, (3á) (7,07%), 1-Metil-4-isopropil-ciclohexil-2-hidroperfluorobut- anoato (6,54%), Ácido acético, trifluoro, 3,7-dimetiloctil éster (5.96 %), 2-Piperidinona, N-[4-bromo-n-butil] (4,53%), 1-Bromo-1-cloroetano (4,6%), o ácido n-Hexadecanóico é o principal composto com a área máxima entre todos os compostos com 20,06 % e o seu tempo de retenção é 19,08.

É importante salientar que foi apresentado um exame GC-MS exaustivo das folhas e dos nódulos de *T. cordifolia* e *G. glabra*. Os antioxidantes são o melhor remédio para reduzir os radicais livres do corpo e, por isso, convidam a atenção dos cientistas nutricionais para combater várias doenças crónicas, como doenças virais, hepáticas, cardiovasculares e cancro. A 2,2- dimetil-propil 2,2-dimetil-propanosulfinilsulfona possui potencial anticancerígeno, anti-HIV, antimalárico e anti-inflamatório. No presente estudo, o exame exaustivo por GC-MS da folha de rotenóides de *G. glabra* identificou o Cholesta-4,6-dien-3-ol, que tem propriedades anticancerígenas. O 2,3-Diazabiciclo[2.2.1]hept-2-eno, 7-isopropil- é um composto anticanceroso que foi identificado a partir do extrato de folhas de *G. glabra*.

As presentes descobertas deram esperança promissora para futuras descobertas de medicamentos e conceção de medicamentos para doenças crónicas como o cancro e infecções virais. Ambas as plantas possuem uma enorme fonte de compostos fenólicos e esteroidais. Foram identificados 10 compostos anticancerígenos, 4 citotóxicos e 6 antifúngicos. Foi também identificado o composto antidiabético ácido sulfuroso, éster decílico de butilo, ciclobutanona antimalárica, 2(2,6dimetil-heptilo).

Os compostos antivirais foram identificados nos presentes resultados. São eles o fenol, o 2,4-bis(1,1-dimetiletilo), o 1-bromo-2-(4-hidroxifenil)etano, o 2-hidroperfluorobutanoato de 1-metil-4-isopropil-ciclo-hexilo, o éster ciclopentílico do ácido 2-tiofenacético, o ciclo-hexano, o 3-dioxolano, o ácido tetradecanóico/ácido mirístico, o dodecano e o 4-trifluoroacetoxihexadecano.

Um total de 20 novos compostos foram registados em ambas as plantas no presente documento. Estes compostos bioactivos são Triciclo[6.3.3.0]tetradec-4-eno, 10,13-dioxo-1, 2-Metil-2-cloro-3-nitroso-4-ciclo-hexiloxi-butano, 6-Isopropoxitetrazolo[1,5- b]piridazina, 1-Bromo-2-(4-hidroxifenil)etano, Cis-9,10- Epoxioctadecano-1-ol, 4-metil-1-(adamantel-1)pentanol-1, dissulfureto de 2-furfurilo e 2-oxo-3-pentilo, peróxido de bis(1-hidroxiciclohexilo), 1-ciclohexilnoneno, 1-bromo-1-cloroetano e ácido benziltio-acético, éster benzílico de G. glabra e Preg-4-en-3-ona, 17à-hidroxi-17á-ciano, carbonotritiato de di-terc-butilo, 1,1-Bis(etiltio)-2-feniletano, propanoato de ciclo-hexanometilo, cis-9,10-Epoxioctadecano-1-ol, N-Metiltaurina, 10-Pentadeceno-5-ino-1-ol, Biciclo[3.2.0]heptan-3-ona, 2-hidroxi-1,4,4-trimetil-, O-acetiloxime, N-metiltaurina de extractos de folhas e calos de *T. cordifolia*.

Foram identificados 64 compostos bioactivos totais das folhas e 27 do calo através de análises GC-MS do extrato de éter de petróleo das folhas e do calo de *T. cordifolia*. No entanto, 74 fitoquímicos foram identificados a partir do extrato de éter de petróleo das folhas através de análises GC-MS de *G. glabra*.

Os principais compostos bioactivos com área percentual máxima foram 1,2-Benzenodiol, o(4-metoxibenzoil)-o-(2,2,3,3,4,4,4-heptafluorobutiril) (19,88%), 2-Heptanol, 2,6-dimetil (14,02 %), cis,cis,cis-7,10,13-Hexadecatrienal 16.08 %, ácido pentadecanóico, 14-metil-, éster metílico 14,20 %, ácido n-hexadecanóico 8,07%, decano, 1,10-dibromo 5,58 %, ácido benzenepropanóico, à-(acetiloxi)-á-butil-à- (metiltio)-, éster metílico (5.00 %) das folhas e 1-metileno-2b-hidróximetil-3,3-dimetil-4b-(3-metil-but-2-enil)-ciclo-hexano (13,19 %), colestan-3-ol, 2-metileno-, (3á,5à)- (7,84 %), do extrato de calo de *T. cordifolia* e os principais compostos de *G. glabra* foram ácido cítrico, éster trimetil (35.21%), 2-pentadecanona, 6,10,14-trimetil (8,82%), colesta-4,6-dien-3-ol, (3á) (7,07%),

1-metil-4-isopropil-ciclohexil-2-hidroperfluorobutanoato (6,54%) e ácido acético, trifluoro, 3,7-dimetiloctil éster (5,96%) de extractos de folhas.

Os extractos etanólico e de benzeno do calo mostraram uma zona de inibição máxima de 19±1,03 mm e 18±1,09 mm, respetivamente, contra *S. griseus*. Os extractos etanólicos das folhas mostraram um efeito não tóxico nas bactérias e o extrato de benzeno das folhas mostrou um efeito tóxico em todos os agentes patogénicos bacterianos, ou seja, *E. coli, B. subtilis, S. aureus* e *S. griseus*. O extrato etanólico do caule foi mais tóxico para todos os agentes patogénicos bacterianos do que o extrato de benzeno. A atividade antifúngica dos extractos etanólicos de diferentes partes da planta (folhas e caule) e do calo de *T. cordifolia* mostrou uma zona de inibição máxima do que os extractos de benzeno. As folhas, o caule e o calo de *T. cordifolia* mostram que tem um maior potencial para inibir o crescimento de todos os agentes patogénicos fúngicos, mas um efeito menos tóxico em *C. albicans* e *F. oxysporum*.

No presente estudo, foi estudado o impacto dos extractos de etanol e benzeno da folha, do caule e do calo nas bactérias. O extrato etanólico da folha não teve qualquer impacto nas quatro bactérias, nomeadamente *E. coli, B. subtilis, S. aureus* e *S. griseus*. Os melhores resultados foram obtidos a partir do extrato de calo em etanol e benzeno contra o agente patogénico *S. griseus*, onde o ZOI foi obtido 19±1,03 mm e 18±1,09 mm, respetivamente. A atividade antifúngica do calo de *G. glabra* não mostrou sinais de toxicidade sobre *C. albicans* em extrato de benzeno e sobre *F. oxysporum* em ambos os extractos de etanol e benzeno. Os extractos etanólicos das folhas apresentaram uma toxicidade que variou entre 6±0,33 mm e 16±0,59 mm. A zona máxima de inibição foi observada contra *F. oxysporum* (17±0,19 mm) no extrato etanólico e *P. funiculosum* (12±0,19 mm) no extrato de benzeno do caule. A toxicidade do calo foi observada mais elevada em *C. albicans* com zona de inibição de 15±0,53 mm e mais baixa em *T. reesei* com 11±0,97 mm em extrato etanólico. A atividade antifúngica dos extractos etanólicos das folhas, do caule e do calo revelou uma maior toxicidade do que a dos extractos de benzeno.

A atividade antioxidante da FRAP da *T. cordifolia* foi mais elevada na folha (2,23±0,93 mM/lit/g/D wt), seguida do caule (1,47±0,29 mM/lit/g/D wt) do que no calo (1,38±0,23 mM/lit/g/D wt), sendo a catalase e a peroxidase mais elevadas no calo do que na folha e no caule. Todas as actividades são significativamente comprovadas **p >0,01 e *p >0,05 do caule e do calo em comparação com a folha. A atividade antioxidante da *G. glabra* foi observada no caule, em comparação com a folha e o calo. Verificou-se que a peroxidase era mais elevada na folha (2,070,33 m/l/g de peso fresco) do que no caule e no calo. Apesar disso, as folhas tiveram a maior atividade de peroxidase quando comparadas com FRAP e peroxidase. A atividade da catalase foi maior no caule e no calo, seguida da FRAP e da Peroxidase. A injeção de H O_{22} reduziu significativamente a atividade da CAT (**p >0,01) no caule e no calo em comparação com a folha. A atividade da catalase da *T. cordifolia* foi observada como sendo elevada em comparação com a *G.glabra*. Isto foi evidenciado a partir dos dados observados no ensaio FRAP e Peroxidase, que mostram valores mais elevados em *G. glabra*. A atividade FRAP das folhas é de 2,23±0,93 e 2,3±0,53 µm/l/g DW nas folhas de *T. cordifolia* e *G. glabra*. No entanto, o potencial de peroxidase foi três vezes maior em *G. glabra* do que em *T. cordifolia*. Assim, o calo de *T. cordifolia* apresenta um potencial antioxidante mais elevado.

Os resultados mais notáveis do presente estudo incluem o isolamento e a identificação dos principais compostos totais destas duas plantas. Além disso, foram detectados compostos antivirais e anticancerígenos importantes em ambas as plantas. Os explantes nodais de *T. cordifolia* e *G. glabra* continham elevados níveis de antioxidantes. Os fitoquímicos de ambas as plantas eram ricos em antioxidantes, fenol, rotenona e esteroides, que devem ser explorados no futuro para determinar os seus valores terapêuticos no tratamento de doenças crónicas como antivirais e antitumorais e como nutracêuticos.

O presente estudo identificou fitoquímicos importantes presentes na *T. cordifolia* e na *G. glabra* que são utilizados para tratar doenças crónicas como o cancro, infecções virais, diabéticos, tuberculose, VIH, malária e alguns são utilizados como nutracêuticos. A maior parte dos compostos isolados e identificados apresentam propriedades antibacterianas e antimicrobianas. No presente estudo foram também detectados compostos antitumorais, preventivos do cancro, antiproliferativos e citotóxicos. São eles o ácido tetradecanóico, éster etílico, tetradecano, ácido cítrico, éster trimetil, metano, diiodo, cicloheptano, metoxi, 2,6-dimetilbenzaldeído, colesta-4,6-dien- 3-ol, 1-bromo-1-cloroetano, ácido palmítico, derivado de TMS, fitol, ácido pentadecanóico, 14-metil-, éster metílico, ácido n-hexadecanóico e heptadecano, 2,6-dimetil.

As presentes descobertas deram esperança promissora para futuras descobertas de medicamentos e conceção de medicamentos para doenças crónicas como o cancro e infecções virais. Ambas as plantas possuem uma enorme fonte de compostos fenólicos e antioxidantes. Foram identificados nove compostos anticancerígenos, três citotóxicos e seis antivirais. Consequentemente, o presente estudo aponta aos futuros investigadores o caminho certo para realizarem investigação sobre ambas as plantas, a fim de obterem alguns medicamentos com significado medicinal. Devido à sua segurança e eficácia, *a T. cordifolia* e *a G. glabra* são uma fonte viável de medicamentos devido aos seus constituintes biológicos activos, propriedades farmacológicas e terapêuticas. Com o desenvolvimento da glabridina e da tinosporina como uma poderosa molécula líder para a ação antimicobacteriana, anticancerígena e antidiabética, os nossos resultados apoiam a utilização etnomédica da *G. glabra* e da *T. cordifolia* para curar a tosse e as doenças associadas ao peito. A sua relação estrutural e de atividade (SAR) pode ajudar a uma maior otimização no futuro para um melhor candidato terapêutico. Os extractos destas plantas podem ser utilizados como uma boa fonte de medicamentos benéficos, e os seus valores quantitativos podem ser utilizados como um instrumento-chave para estabelecer o perfil de controlo de qualidade de um medicamento. É possível concluir que os caules grossos podem ser utilizados para produzir produtos de alta qualidade.

Referências

Abass, M.H., 2017. Atividade antifúngica *in vitro* de diferentes hormonas vegetais sobre o crescimento e toxicidade de *Nigrospora* spp. na tamareira (*Phoenix dactylifera* L.). *The Open Plant Sci. J.*, *10*(1), 10- 20.

Abiramasundari, G., Sumalatha, K.R. e Sreepriya, M., 2012. Efeitos da *Tinospora cordifolia* (Menispermaceae) na proliferação, diferenciação osteogénica e mineralização de sistemas modelo de osteoblastos *in vitro*. *J. Ethnopharmacol*, *141*(1), 474-480.

Abkhoo, J. e Jahani, S., 2017. Eficácia de alguns extractos de plantas medicinais para potencial atividade antifúngica. *Int. J. Infect.*, *4*(1), 222- 228.

Aebi, H., 1984. Catalase *in vitro*. In *Methods in Enzymol, 105*, 121- 126.

Agarwal, S., Ramamurthy, P.H., Fernandes, B., Rath, A. e Sidhu, P., 2019. Avaliação da atividade antimicrobiana de diferentes concentrações de *Tinospora cordifolia* contra *Streptococcus mutans*: Um estudo *in vitro*. *Dental Res. J.*, *16*(1), 24-28.

Ahmad, F., Anwar, F. e Hira, S., 2016. Revisão sobre a importância medicinal da família Fabaceae. *Pharmacologyonline*, *3*, 151- 157.

Ahmed, A.O., 2019. Estudo comparativo das actividades antimicrobianas e análise GC-MS de compostos bioactivos do óleo essencial de cascas de citrinos selecionadas (Dissertação de doutoramento, Universidade Estatal de Kwara (Nigéria).

Alemu, M., 2020. Aplicações da biotecnologia para a caraterização de plantas e pragas como componentes-chave das estratégias de proteção e produção de plantas: A Review. *Int. J. Appl. Sci. and Biotechnol.*, *8*(3), 247-288.

Alexyuk, P.G., Bogoyavlenskiy, A.P., Alexyuk, M.S., Turmagambetova, A.S., Zaitseva, I.A., Omirtaeva, E.S. e Berezin, V.E., 2019. Atividade adjuvante de complexos multimoleculares baseados em saponinas *de Glycyrrhiza glabra*, lipídios e glicoproteínas do vírus influenza. *Arquivos de Virologia, 164*(7), 1793-1803.

Ali, H. e Dixit, S., 2013. Otimização da extração de *Tinospora cordifolia* e avaliação da atividade anticâncer de seu alcaloide palmatina. *The Scientific World J.,* 17(2), 121-125.

Al-Salman, H.N.K., 2019. Atividade antimicrobiana do composto 2- piperidinona, N-[4-Bromo-n-butil]-extraído de cascas de romã. *Asian J. Pharma. (AJP): Artigos de texto integral gratuitos do Asian J. Pharm.*, *13*(01), 312-316.

Al-Snafi, A.E., 2018. *Glycyrrhiza glabra*: Uma revisão fitoquímica e farmacológica. *IOSR J. Pharmacy*, *8*(6), 1-17.

Altamirano, R.D., Palma, R.I.L., Monzote, L., Domínguez, J.D., Becker, I., Cruz, J.F.R.,

Escofet, N.E., Landaverde, P.A.V. e Molina, A.R., 2019. Constituintes químicos com atividade leishmanicida de uma cultivar rosa-amarela de *Lantana camara* var. aculeata (L.) coletada no México Central. *Int. J. Mol. Sci., 20*(4), 872-877.

Aminin, D.L., Menchinskaya, E.S., Pisliagin, E.A., Silchenko, A.S., Avilov, S.A. e Kalinin, V.I., 2015. Atividade anticâncer de glicosídeos triterpênicos de pepino do mar. *Marine Drugs, 13*(3), 1202- 1223.

Ammosov, A.S. e Litvinenko, V.I., 2007. Compostos fenólicos dos géneros *Glycyrrhiza* L. e Meristotropis Fisch. et Mey. *Pharma. Chem. J., 41*(7), 372.

Arcueno, R.O., Jinger, L.B., Retumban, J.E. e Jonathan, J.G.G., 2015. Potencial de cicatrização de feridas do caule *de Tinospora crispa* (Willd.) Miers [Menispermaceae] em ratos diabéticos. *J. Med. Pl. Stud., 3*(2), 106-109.

Arican, O. e Kurutas, E.B., 2008. Stress oxidativo no sangue de pacientes com vitiligo localizado ativo. *ACTA Dermato- venerologica Alpina Panonica et Adriatica, 17*(1), 12.

Armanini, D., Fiore, C., Bielenberg, J., Sabbadin, C. e Bordin, L., 2020. Coronavírus-19: possíveis implicações terapêuticas da espironolactona e do extrato seco de *Glycyrrhiza glabra* L. (Alcaçuz). *Frontiers in Pharmacol, 11,* 110-115.

Arya, S., Rathi, N. e Arya, I.D., 2009. Protocolo de micropropagação de *Glycyrrhiza glabra* L. *Phytomorphol, 59*(1), 71.

Ashok, P.K. e Bijalban, R., 2021. Plantas medicinais herbáceas hepatoprotectoras: uma revisão. *The Pharma Res., 8*(1), 148-155.

Auddy, B., Ferreira, M., Blasina, F., Lafon, L., Arredondo, F., Dajas, F., Tripathi, P.C., Seal, T. e Mukherjee, B., 2003. Rastreio da atividade antioxidante de três plantas medicinais indianas, tradicionalmente utilizadas para o tratamento de doenças neurodegenerativas. *J. Ethnopharmacol, 84*(2-3), 131-138.

Babbar, S., Marier, J.F., Mouksassi, M.S., Beliveau, M., Vanhove, G.F., Chanda, S. e Bley, K., 2009. Análise farmacocinética da capsaicina após administração tópica de um adesivo de capsaicina de alta concentração a pacientes com dor neuropática periférica. *Therapeutic Drug Monitoring, 31*(4), 502-510.

Badkhane, Y., Yadav, A.S., Bajaj, A., Sharma, A.K. e Raghuwanshi, D.K., 2014. *Glycyrrhiza glabra* L. uma erva medicinal milagrosa. *Indo Am. J. Pharmaceut. Res., 4*, 355-359.

Bahmani, M., Rafieian-Kopaei, M., Jeloudari, M., Eftekhari, Z., Delfan, B., Zargaran, A. e Forouzan, S., 2014. Uma revisão dos efeitos na saúde e usos de drogas de alcaçuz vegetal (*Glycyrrhiza glabra* L.) no Irão. *Asian Pacific J. Trop. Disease, 4*(S2), S847- S849.

Bahmani, M., Zargaran, A., Rafieian-Kopaei, M. e Saki, K., 2014. Estudo etnobotânico de plantas medicinais utilizadas no tratamento da diabetes mellitus na Urmia, Noroeste do Irão. *Asian Pacific J. Trop. Med.*, *7*, S348-S354.

Bailly, C. e Vergoten, G., 2020. Glycyrrhizin: Um medicamento alternativo para o tratamento da infeção por COVID-19 e da síndrome respiratória associada? *Pharmacol. and Therapeut.*, *214*, 107618.

Bajpai, V., Singh, A., Chandra, P., Negi, M.P.S., Kumar, N. e Kumar, B., 2016. Análise das variações fitoquímicas em caules dióicos *de Tinospora cordifolia* utilizando HPLC/QTOF MS/MS e UPLC/QqQLIT-MS/MS. *Phytochem. Anal.*, *27*(2), 92-99.

Balkrishna, A., Pokhrel, S. e Varshney, A., 2020. *Tinospora cordifolia* (Giloy) pode conter o contágio de COVID-19: tinocordiside interrompe as interações eletrostáticas entre ACE2 e RBD. *Authorea Preprints*, *24*(10), 1795-1802.

Barua, C.C., Talukdar, A., Barua, A.G., Chakraborty, A., Sarma, R.K. e Bora, R.S., 2010. Avaliação da atividade de cicatrização de feridas do extrato metanólico de *Azadirachta indica* (Neem) e *Tinospora cordifolia* (Guduchi) em ratos. *Pharmacologyonline*, *1*, 70-77.

Batiha, G.E.S., Beshbishy, A.M., El-Mleeh, A., Abdel-Daim, M.M. e Devkota, H.P., 2020. Usos tradicionais, constituintes químicos bioativos e atividades farmacológicas e toxicológicas de *Glycyrrhiza glabra* L. (Fabaceae). *Biomol.*, *10*(3), 269-275.

Behdad, A., Mohsenzadeh, S. e Azizi, M., 2020. Comparação de compostos fitoquímicos de duas populações *de Glycyrrhiza glabra* L. e sua relação com os fatores ecológicos. *Ata Physiologiae Plantarum*, *42*(8), 1-18.

Bennett, R.D. e Heftmann, E., 1962. Thin-layer chromatography of steroidal sapogenins. *J. Chromat.*, *9*, 353-358.

Bhalerao, B.M., Vishwakarma, K.S. e Maheshwari, V.L., 2013. *Tinospora cordifolia* (Willd.) Miers ex Hook. f. e Thoms.- cultura de tecidos vegetais e estudo comparativo de quimio-perfilagem em função de diferentes árvores de suporte.

Bharathi, C., Reddy, A.H., Nageswari, G., Lakshmi, B.S., Soumya, M., Vanisri, D.S. e Venkatappa, B., 2018. Uma revisão sobre as propriedades medicinais da *Tinospora cordifolia*. *Int. J. Sci. Res. and Rev.*, *7*(12), 585-598.

Bhattacharya, S., Gupta, D., Sen, D. e Bhattacharjee, C. 2021. Desenvolvimento de tiossulfinato antimicrobiano micelizado: Uma forma contemporânea de aumento da estabilidade do medicamento. Em *Adv. in Bioprocess Eng. and Technol.* (83-89). Springer, Singapura.

Bhattacharya, S., Maddikunta, P.K.R., Pham, Q.V., Gadekallu, T.R., Chowdhary, C.L., Alazab, M. e Piran, M.J., 2021. Aprendizagem profunda e processamento de imagens médicas para a pandemia de coronavírus (COVID-19): Uma pesquisa. *Sust. Cities and Soc.*, *65*, 102589.

Bisset, N.G. e Nwaiwu, J., 1983. Alcalóides quaternários de espécies de *Tinospora*. *Planta Medica*, *48*(08), 275-279.

Bonjar G.H.S., Farrokhi P.R., Aghigi S.L., Bonjar S. e Aghelizadeh A., 2005. Caracterização antifúngica de actinomicetos isolados de Kerman, Irão e suas perspectivas futuras em estratégias biológicas em condições de estufa e de campo. *Plant Pthol. 4*, 78- 84.

Bray, H.G. e Thorpe, W.V., 1954. Análise de compostos fenólicos de interesse no metabolismo. *Meth. Biochem. Anal.*, *1*, 27-52.

Care, R., Binder, A., Biniek, R., Braune, S., Buerkle, H., Dall, P., Demirakca, S., Eckardt, R., Eggers, V., Eichler, I. e Fietze, I., 2015. Diretrizes baseadas em evidências e consensos para a gestão do delirium, analgesia e sedação em medicina intensiva. Revisão 2015 (DAS-Guideline 2015) - versão resumida. *GMS German Med. Sci.*, *13*, 93-99.

Catarino, S., Duarte, M.C., Costa, E., Carrero, P.G. e Romeiras, M.M., 2019. Conservação e uso sustentável das plantas medicinais Leguminosae de Angola. *Peer J.*, *7*, e6736.

Chance, B. e Maehly, A.C., 1955. Assay of catalase and peroxidases. *Methods Enzymol*, *2*, 764 -775.

Chew, Y.L., Chan, E.W.L., Tan, P.L., Lim, Y.Y., Stanslas, J. e Goh, J.K., 2011. Avaliação do conteúdo fitoquímico, composição polifenólica, actividades antioxidantes e antibacterianas de plantas medicinais Leguminosae na Malásia Peninsular. *BMC Complementary and Alt. Med.*, *11*(1), 1-10.

Choi, H.S., 2012. Uma comparação das caraterísticas de sabor volátil de chwi-namuls por análise de terpenóides. *The Korean J Food and Nutr.*, *25*(4), 930-940.

Chopra R.N., Nayar S.L. e Chopra I.C., 2002. *Glossário de Indian Med. Pl.* Nova Deli: NISCAIR, CSIR.

Chopra, P.K.P.G., Saraf, B.D., Inam, F.A.R.H.I.N. e Deo, S.S., 2013. Atividades antimicrobianas e antioxidantes de raízes de extrato de metanol de *Glycyrrhiza glabra* e análise de HPLC. *Int. J. Pharm. Pharmacol. Sci.*, *5*(2), 157-160.

Choudhary, N., Siddiqui, M.B. e Khatoon, S., 2013. Avaliação farmacognóstica de *Tinospora cordifolia* (Willd.) Miers e identificação de biomarcadores, *IJPRS,* 2(4), 222-228 .

Choudhury SS, Handique PJ., 2013. TDZ aumenta a produção de múltiplos rebentos a partir de explantes nodais de *Tinospora* cordifolia - *uma* espécie de planta medicinal comercialmente importante do NE da Índia, *Res. Jr. Biotechnol.*, 8, 31-36.

Chowdhury, P., 2020. Investigação in silico de fitoconstituintes da erva medicinal indiana "*Tinospora cordifolia* (giloy)" contra SARS-CoV-2 (COVID-19) por abordagem de dinâmica molecular. *J. Biomol. Struct. and Dynamics*, 1-18.

Chowdhury, S., Mohan, R.S. e Scott, J.L., 2007. Reatividade de líquidos iónicos. *Tetrahedron*, *63*(11), 2363-2389.

Chunhua, F., Lei, C., Gan, L., Li, M., Yang, Y. e Yu, L., 2010. Otimização da indução de calo embriogénico e embriogénese de *Glycyrrhiza glabra*. *African J. Biotechnol*, *9*(36), 331-337.

Chuyen, N.V., Kurata, T., Kato, H. e Fujimaki, M., 1982. Atividade antimicrobiana de Kumazasa (*Sasa albo-marginata*). *Agri. and Biol. Chem.*, *46*(4), 971-978.

Dalai, S.K., Mohapatra, B. e Dwivedi, L., 2013. A viagem de *Tinospora cordifolia* (Guduchi) da era védica à moderna: Uma revisão. *Asian J. Pharma. Res. and Develop.*, 52-61.

Damle, M., 2014. *Glycyrrhiza glabra* (Alcaçuz) - uma potente erva medicinal. *Int. J. Herbal Med.*, *2*(2),132-136.

Dastagir, G. e Rizvi, M.A., 2016. *Glycyrrhiza glabra* L.(Alcaçuz).

Pak. J. Pharma. Sci., *29*(5), 353-359.

Debnath, M., Malik, C.P. e Bisen, P.S., 2006. Micropropagação: uma ferramenta para a produção de medicamentos à base de plantas de alta qualidade. *Curr. Pharma. Biotechnol.*, *7*(1), 33-49.

Dedehou, V.F.G.N., Olounladé, P.A., Alowanou, G.G., Azando,

E.V.B. e Hounzangbé-Adoté, S., 2016. Uma revisão sobre plantas medicinais de *Parkia biglobosa* (Mimosaceae-Fabaceae) e *Pterocarpus erinaceus* (Leguminosae-Papilionoidea). *JMPS*, *4*(6), 132-137.

Deepak, P., Balamuralikrishnan, B., Park, S., Sowmiya, R., Balasubramani, G., Aiswarya, D., Amutha, V. e Perumal, P., 2019. Perfil fitoquímico da alga vermelha marinha, Halymenia palmata e seus efeitos de biocontrole contra o vetor da dengue, *Aedes aegypti*. *South Afr. J. Bot.*, *121*, 257-266.

Delfel, N.E., 1973. Determinação por cromatografia gás-líquido da rotenona e da deguelina em extractos de plantas e insecticidas comerciais. *J. Assoc. of Official Anal. Chem. 56*: 1343-1349.

Delfel, N.E. 1976. Análise ultravioleta e infravermelha da rotenona: efeito de outros rotenóides. *J. Ass. of Official Anal. Chemists, 59*, 703-707.

Delfel, N.E. e Tallent, 1969. Determinação densitométrica em camada fina de rotenona e deguelina. *Ass. of Official Anal. Chemists, 52*, 182-187.

Delshad, E., Yousefi, M., Sasannezhad, P., Rakhshandeh, H. e Ayati, Z., 2018. Usos médicos de *Carthamus tinctorius* L. (Safflower): uma revisão abrangente da medicina tradicional à medicina moderna. *Médico eletrónico, 10*(4), 6672.

Denisova, S.B., Galkin, E.G. e Murinov, Y.I., 2006. Isolamento e determinação GC-MS de flavonóides da raiz de *Glycyrrhiza glabra*. *Chem. of Nat. Comp.*, *42*(3), 285-289.

Desai, S.D., Desai, D.G. e Kaur, H., 2009. Saponinas e suas actividades biológicas. *Pharma Times*, *41*(3), 13-16.

Desai, V.R., Kamat, J.P. e Sainis, K.B., 2002. Um imunomodulador de *Tinospora cordifolia* com atividade antioxidante em sistemas sem células. *J. Chem. Sci.*, *114*(6), 713-719.

Dhingra, D., Parle, M. e Kulkarni, S.K., 2004. Atividade de reforço da memória de *Glycyrrhiza glabra* em ratos. *J. Ethnopharmacol*, *91*(2-3), 361-365.

Dubois, M., Gills, K.A., Hamilton, J.K., Rebers, P.A. e Smith, F., 1951. Método colorimétrico para a determinação de açúcares e substâncias afins. *Anal. Chem.*, *28*, 350-356.

Eggleton, P., 2020. O estado dos insectos do mundo. *Ann. Rev. of Environ. and Resources*, *45*, 61-82.

Elagbar, Z.A., Naik, R.R., Shakya, A.K. e Bardaweel, S.K., 2016. Análise dos ácidos gordos, atividade antioxidante e biológica do óleo fixo das sementes de *Annona muricata* L. *J. Chem.*, 5(2) 227-231.

Eldahshan, O.A., Azab, S.S. e Abdel-Daim, M., 2013. Rhoifolin; um potente efeito antiproliferativo em linhas de células cancerígenas. *J. Pharma. Res. Int.*, 46-53.

Ellingboe, J.W., Spinelli, W., Winkley, M.W., Nguyen, T.T., Parsons, R.W., Moubarak, I.F., Kitzen, J.M., Von Engen, D. e Bagli, J.F., 1992. Atividade antiarrítmica de classe III de novas 4-[(metilsulfonil) amino] benzamidas e sulfonamidas substituídas. *J. Med. Chem.*, *35*(4), 705-716.

El-Sabbagh, O.I., El-Sadek, M.E., Lashine, S.M., Yassin, S.H. e El- Nabtity, S.M., 2009. Síntese de novos derivados de 2 (1H)-quinoxalinona para avaliação antimicrobiana e anti-inflamatória. *Med. Chem. Res.*, *18*(9), 782.

Elsherif, M.A., 2021. Avaliação antibacteriana e propriedades moleculares de pirazolo [3,4-b] piridinas e tieno [2,3-b] piridinas. *J. Appl. Pharmaceut. Sci.*, *11*(06), 118-124.

Essien, E.E., Walker, T.M., Ogunwande, I.A., Bansal, A., Setzer,

W.N. e Ekundayo, O., 2011. Constituintes voláteis, potenciais antimicrobianos e de citotoxicidade de três espécies de Senna da Nigéria. *J. Essential Oil Bearing Pl.*, *14*(6), 722-730.

Estari M, Venkanna L, Reddy AS, 2012. Atividade anti-HIV *in vitro* de extractos brutos de *Tinospora cordifolia*. *BMC Infectious Diseases*, *12* (1),10-18.

Evanjaline, R.M. e Beulah, G.G.P., 2019. Propriedades fitoquímicas e farmacológicas de *Naringi crenulata* (Roxb.) Nicolson: Uma importante planta medicinal. Em *Ethnomed. Pl. com Therap. Prop.*, Apple Academic Press, 165-182.

Fatima, A., Gupta, V.K., Luqman, S., Negi, A.S., Kumar, J.K., Shanker, K., Saikia, D., Srivastava, S., Darokar, M.P. e Khanuja, S.P., 2009. Atividade antifúngica dos extractos *de Glycyrrhiza glabra* e do seu constituinte ativo glabridina. *Phytotherapy Res. : An Int. J. Devoted to Pharmacol. and Toxicol. Eval. of Nat. Prod. Derivatives*, *23*(8), 1190-1193.

Fenwick, G.R., Lutomski, J. e Nieman, C., 1990. Liquorice, *Glycyrrhiza glabra* L. Composição, utilizações e análise. *Food Chem*, *38*(2), 119-143.

Fischer, D., Li, Y., Ahlemeyer, B., Krieglstein, J. e Kissel, T., 2003. Teste de citotoxicidade *in vitro* de policatiões: influência da estrutura do polímero na viabilidade celular e na hemólise. *Biomaterials*, *24*(7), 1121-1131.

Fitzgerald, M., Heinrich, M. e Booker, A., 2020. Análise de plantas medicinais: Uma discussão histórica e regional de técnicas complexas emergentes. *Frontiers in Pharmacol*, *10*, 1480.

Fukai, T. e Nomura, T., 1997. *Fortschritte der Chemie organischer Naturstoffe/Progress in the Chem. Org. Nat. Prod.* (Vol. 73). Springer Science and Business Media.

Ganesh, M. e Mohankumar, M., 2017. Extração e identificação de componentes bioactivos em *Sida cordata* (Burm. f.) utilizando cromatografia gasosa-espetrometria de massa. *J. Food Sci. and Technol.*, *54*(10), 3082-3091.

Gangal, N., Nagle, V., Pawar, Y. e Dasgupta, S., 2020. Reconsiderando as plantas medicinais tradicionais para combater o COVID-19. *AIJR Preprints*, *34*, 1-6.

Gaskins, M.H., 1972. *Tephrosia vogelii: A Source of Rotenoids for Insecticidal and Piscicidal Use* (No. 1445). Departamento de Agricultura dos EUA.

Gaur, R., Gupta, V.K., Singh, P., Pal, A., Darokar, M.P. e Bhakuni, R.S., 2016. Potencial de reversão da resistência a medicamentos da isoliquiritigenina e liquiritigenina isoladas de *Glycyrrhiza glabra* contra *Staphylococcus aureus* resistente à meticilina (MRSA). *Phytotherapy Res.*, *30*(10), 1708-1715.

Gedam, V.V., Punyapwar, S.V., Raut, P.A. e Chahande, A.D., 2019. Proliferação rápida *in vitro* da biomassa de calo de *Tinospora cordifolia* do caule e da folha com avaliação fitoquímica e antimicrobiana. Em *Valorização e Reciclagem de Resíduos,* 421-431, Springer, Singapura.

Ghorab, M.M., El-Sharief, A.S., Ammar, Y.A. e Mohamed, S.I., 2001. Síntese e atividade antifúngica de alguns novos s-triazóis diversos. *Fósforo, Enxofre e Silício e os Elementos Relacionados*, *173*(1), 223-233.

Gideon, H.P., Phuah, J., Myers, A.J., Bryson, B.D., Rodgers, M.A., Coleman, M.T., Maiello,

P., Rutledge, T., Marino, S., Fortune, S.M. e Kirschner, D.E., 2015. Existe variabilidade nas respostas das células T do granuloma da tuberculose, mas um equilíbrio de citocinas pró e anti-inflamatórias está associado à esterilização. *PLoS Pathogens, 11*(1), e1004603.

Girija, K., Thirumalairajan, S. e Mangalaraj, D., 2014. Síntese controlável por morfologia de nanobastões β- Ga O₂₃ monocristalinos dispostos paralelamente para atividades fotocatalíticas e antimicrobianas. *Chem. Eng. J., 236*, 181-190.

Gomaa, A.A. e Abdel-Wadood, Y.A., 2021. O potencial da glicirrizina e do extrato de alcaçuz no combate à COVID-19 e condições associadas. *Phytomed. Plus*, 100043.

Guo, D., Mitchell, R.J., Withington, J.M., Fan, P.P. e Hendricks, J.J., 2008. Controlos endógenos e exógenos do tempo de vida das raízes, mortalidade e fluxo de azoto num pinhal de folha longa: predomina a ordem dos ramos das raízes. *J. Ecol., 96*(4), 737-745.

Gupta, V.K., Fatima, A., Faridi, U., Negi, A.S., Shanker, K., Kumar, J.K., Rahuja, N., Luqman, S., Sisodia, B.S., Saikia, D. e Darokar, M.P., 2008. Potencial antimicrobiano das raízes de *Glycyrrhiza glabra. J. Ethnopharmacol, 116*(2), 377-380.

Habib, M.A. e Khan, R., 2021. Impactos ambientais das atividades de mineração de carvão e usinas elétricas movidas a carvão em um país em desenvolvimento com contexto global. Em *Spatial Modeling and Assess. of Environ. Contaminants,* Springer, Cham. 421-493.

Haddouchi, F., Chaouche, T.M., Zaouali, Y., Ksouri, R., Attou, A. e Benmansour, A., 2013. Composição química e atividade antimicrobiana dos óleos essenciais de quatro espécies de Ruta que crescem na Argélia. *Food Chem, 141*(1), 253-258.

Haida, Z. e Hakiman, M., 2019. Uma revisão abrangente sobre a determinação do ensaio enzimático e das actividades antioxidantes não enzimáticas. *Ciência Alimentar e Nutricional, 7*(5), 1555-1563.

Hajjar, D., Kremb, S., Sioud, S., Emwas, A.H., Voolstra, C.R. e Ravasi, T., 2017. Agentes anticâncer em ervas da Arábia Saudita revelados por imagens automatizadas de alto conteúdo. *PloS one, 12*(6), e0177316.

Hameed, R.H., Shareefi, E.A. e Hameed, I.H., 2018. Análise do extrato metanólico de frutas de *Citrus aurantifolia* utilizando cromatografia gasosa-espetro de massa e técnicas FT-IR e avaliação de sua atividade antibacteriana. *Investigação e Desenvolvimento em Saúde Pública, 9*(5), 480-486.

Handique, P.J., 2014. Propagação *in vitro* e atributos medicinais de *Tinospora cordifolia*: A Review. *Austin J. Biotechnol. Bioeng, 1*(5), 5.

Handique, P.J. e Choudhury, S.S., 2009. Micropropagação de *Tinospora cordifolia*: uma espécie de planta medicinal prioritária de importância comercial do NE da Índia. *The IUP J.*

Genetics and Evolution, 2, 1-8.

Harada, H., Hiraoka, M. e Kizaka-Kondoh, S., 2002. Efeito antitumoral da proteína de fusão TAT-oxygen-dependent degradation-caspase-3 especificamente estabilizada e activada em células tumorais hipóxicas. *Cancer Res.*, *62*(7), 2013-2018.

Hayashi, H. e Sudo, H., 2009. Importância económica do alcaçuz. *Biotecnologia Vegetal*, *26*(1), 101-104.

Hayashi, H., Hiraoka, N., Ikeshiro, Y. e Yamamoto, H., 1996. Localização específica de flavonóides em órgãos em *Glycyrrhiza glabra* L. *Pl. Sci.*, *116*(2), 233-238.

Heble, M.R., Narayanaswami, S. e Chadha, M.S., 1968. Diosgenina e β-sitosterol; Isolamento de culturas de tecidos de *Solanum xanthocarpum*. *Science*. *161*, 1141-1145.

Hegazi, A.G., Abd El Hady, F.K. e Abd Allah, F.A., 2000. Composição química e atividade antimicrobiana da *própolis europeia*. *Zeitschrift für Naturforschung C*, *55*(1-2), 70-75.

Hejazi, I.I., Khanam, R., Mehdi, S.H., Bhat, A.R., Rizvi, M.M.A., Islam, A., Thakur, S.C. e Athar, F., 2017. Novos insights sobre o potencial antioxidante e apoptótico de *Glycyrrhiza glabra* L. durante o estresse oxidativo mediado por peróxido de hidrogênio: uma avaliação *in vitro* e in silico. *Biomed. and Pharmacoth.*, *94*, 265- 279.

Hemalatha, P., Elumalai, D., Vignesh, A., Murugesan, K. e Kaleena, P.K., 2014. Bioeficácia dos óleos essenciais de *Lantana camara* aculeata, contra *Aedes aegypti*, *Anopheles stephensi* e *Culex quincuefasciatus*. *Int. J. Pure and Appl. Zool.* 2(4), 329-338.

Hina, F., Yisilam, G., Wang, S., Li, P. e Fu, C., 2020. Montagem do transcriptoma de *novo*, anotação de genes e desenvolvimento de marcadores SSR no gênero de sementes da lua Menispermum (Menispermaceae). *Fronteiras em Genética*, *11*, 380.

Hojo, H. e Sato, J., 2002. Atividade antifúngica do alcaçuz (*Glycyrrhiza glabra* Linn) e potenciais aplicações em bebidas alimentares. *J. Food Ingredients*, *203*, 45-9.

Hussain, L., Akash, M.S., Ain, N.U., Rehman, K. e Ibrahim, M., 2015. As actividades analgésicas, anti-inflamatórias e antipiréticas da *Tinospora cordifolia*. *Adv. in Clinical and Exp. Med.*, *24*(6), 957-964.

Hussein, H.M., Hameed, I.H. e Ibraheem, O.A., 2016. Atividade antimicrobiana e análise química espetral do extrato metanólico de folhas de *Adiantum capillus-veneris* usando GC-MS e espetroscopia FT-IR. *Int. J. Pharmacog. and Phytochem. Res.*, *8*(3), 369-385.

Hussein, R.A. e El-Anssary, A.A., 2018. Metabólitos secundários de plantas: os principais impulsionadores das ações farmacológicas das plantas medicinais. *Herbal Med.*, *1*, 13.

Irani, M., Sarmadi, M. e Bernard, F., 2010. Atividade antimicrobiana das folhas de *Glycyrrhiza glabra* L. *Iranian J. Pharmaceut. Res., IJPR, 9*(4), 425.

Isabelle, P. e Mónica, B., 2021. Destacando os compostos com atividade farmacológica de algumas plantas medicinais da região da Romênia. *Med. Aromat. Pl. (Los Angeles), 10,* 370.

Isah, T., 2019. Respostas de estresse e defesa na produção de metabólitos secundários de plantas. *Biol. Res., 52.*

Isbrucker, R.A. e Burdock, G.A., 2006. Avaliação do risco e da segurança do consumo de raiz de alcaçuz (*Glycyrrhiza* sp.), do seu extrato e do seu pó como ingrediente alimentar, com destaque para a farmacologia e a toxicologia da glicirrizina. *Regul. Toxicol. and Pharmacol., 46*(3), 167-192.

Ito, C., Itoigawa, M., Kojima, N., Tan, H.T.W., Takayasu, J., Tokuda, H., Nishino, H. e Furukawa, H., 2004. Atividade quimiopreventiva do cancro dos rotenóides de *Derris trifoliata. Planta Medica, 70*(06), 585-588.

Jacques, F.M.B. e Bertolino, P., 2008. Filogenia molecular e morfológica de Menispermaceae (Ranunculales). *Pl. System. and Evol., 274*(1), 83-97.

Jayaraman, J., 1981. Laboratory Manual in Biochemistry. Wiley Eastern Limited, Nova Deli. 96-97.

Jayaseelan, C., Rahuman, A.A., Rajakumar, G., Kirthi, A.V., Santhoshkumar, T., Marimuthu, S., Bagavan, A., Kamaraj, C., Zahir, A.A. e Elango, G., 2011. Síntese de nanopartículas de prata pediculocidas e larvicidas por extrato de folha da planta de folha de lua, *Tinospora cordifolia* Miers. *Parasitol. Res., 109*(1), 185-194.

Jena, S., Munusami, P., Balamurali, M.M. e Chanda, K., 2021. Potencial de inibição abordado computacionalmente de *Tinospora cordifolia* para alvos COVID-19. *Doença do Vírus, 32*(1), 65- 77.

Jeyachandran, R., Xavier, T.F. e Anand, S.P., 2003. Atividade antibacteriana de extractos de caule de *Tinospora cordifolia* (Willd) Hook. f e Thomson. *Ancient Sci. of Life, 23*(1), 40.

Kadkade, P.G., Rol,z C. e Dwyer, J.D., 1976. Sapogeninas esteroidais dos tubérculos de Dioscoreaceae: Um estudo quimiotaxonómico. *Lloydia, 39*: 416-419.

Kakutani, K., Ozaki, K., Watanabe, H. e Tomoda, K., 1999. Embriogénese somática e regeneração de plântulas em várias espécies de alcaçuz. *Pl. Biotechnol, 16*(3), 239-241.

Kalani, K., Chaturvedi, V., Alam, S., Khan, F. e Kumar Srivastava, S., 2015. Agentes anti-tuberculosos de *Glycyrrhiza glabra. Curr. Tópicos em Med. Chem., 15*(11), 1043-1049.

Karuppusamy, S., 2009. Uma revisão das tendências na produção de metabolitos secundários de plantas superiores através de culturas *in vitro* de tecidos, órgãos e células. *J. Med. Pl. Res.,*

3(13), 1222-1239.

Kasthuri, K.T., Radha, R., Jayshree, N., Anoop, A. e Shanthi, P., 2010. Desenvolvimento de GC-MS para uma formulação poli-herbácea - MEGNI. *Int. J. Pharm. Sci.,* *2*(2), 81-83.

Kattupalli, S.O.W.J.A.N.Y.A., Vesta, V.A.I.S.H.N.A.V.I., Vangara, S.A.N.D.H.Y.A. e Spandana, U.P.P.U.L.U.R.I., 2019. A videira herbácea *multi-atividade-Tinospora cordifolia. Asian J. Pharma. Clin. Res., 12*(3), 23-6.

Kaul, B. e Staba, E.J., 1969. O metabolismo do colesterol por culturas em suspensão de *Dioscorea deltoidea. Phytochem, 8,* 1679.

Kaur, R., Kaur, H. e Dhindsa, A.S., 2013. *Glycyrrhiza glabra*: uma revisão fitofarmacológica. *Int. J. Pharm. Sci. and Res., 4*(7), 2470

Kavitha, B.T., Shruthi, S.D., Rai, S.P. e Ramachandra, Y.L., 2011. Análise fitoquímica e propriedades hepatoprotectoras de *Tinospora cordifolia* contra danos hepáticos induzidos por tetracloreto de carbono em ratos. *J. Basic and Clinical Pharmacy, 2*(3), 139.

Kawabata, T., Cui, M.Y., Hasegawa, T., Takano, F. e Ohta, T., 2011. Glicosídeos saponínicos esteroidais anti-inflamatórios e anti-melanogénicos de sementes de feno-grego (*Trigonella foenum-graecum* L.). *Planta Medica, 77*(07), 705-710.

Khan, M., Srivastava, S.K., Syamasundar, K.V., Singh, M. e Naqvi, A.A., 2002. Composição química do óleo essencial de folhas e flores de *Lantana camara* da Índia. *Flavour and Fragrance J. 17*(1), 75-77.

Khan, M.M., dul Haque, M.S. e Chowdhury, M.S.I., 2016. Uso medicinal da planta única *Tinospora cordifolia*: evidências da medicina tradicional e pesquisas recentes. *Asian J. Med. and Biol. Res., 2*(4), 508-512.

Khan, S., Pandotra, P., Manzoor, M.M., Kushwaha, M., Sharma, R., Jain, S., Ahuja, A., Amancha, V., Bhushan, S., Guru, S.K. e Gupta, A.P., 2016. O espetro de terpenóides e flavonóides de culturas *in vitro* de *Glycyrrhiza glabra* revelou uma elevada heterogeneidade química: plataforma para compreender a biossíntese. *Pl. Cell, Tissue and Organ Cult. (PCTOC), 124*(3), 507-516.

Khanahmadi M, M., Naghdi Badi, H., Akhondzadeh, S., Khalighi- Sigaroodi, F., Mehrafarin, A., Shahriari, S. e Hajiaghaee, R., 2013. Uma revisão sobre a planta medicinal de *Glycyrrhiza glabra* L. *J. Med. Plants, 2*(46), 1-12.

Khanapurkar, R.S., Paul, N.S., Desai, D.M., Raut, M.R. e Gangawane, A.K., 2012. Propagação *in vitro* de *Tinospora cordifolia* (Wild.) Miers ex Hook. f. Thoms. *J. Bot. Res., 3*, 17- 20.

Khanna P. e Jain S.C., 1973. Diosgenina, gitogenina e tigogenina de *Trigonella foenum-graecum* L. Tissue Cultures. *Lloydia, 36* (1), 96-98.

Kinoshita, T., Tamura, Y. e Mizutani, K., 2005. O isolamento e a elucidação da estrutura de isoflavonóides menores do alcaçuz de origem *Glycyrrhiza glabra*. *Chem. and Pharma. Bull*, *53*(7), 847-849.

Kondo, K., Shiba, M., Nakamura, R., Morota, T. e Shoyama, Y., 2007. Propriedades constituintes de alcaçuzes derivados de *Glycyrrhiza uralensis*, *G. glabra*, ou *G. inflata* identificados por informação genética. *Biol. and Pharmaceut Bull*, *30*(7), 1271- 1277.

Kovalevskaya, A.Z.I., Solonin, A.S., Sineva, E.V. e Ternovsky, V.I., 2008. Proteínas formadoras de poros e adaptação dos organismos vivos às condições ambientais. *Biochem. (Moscovo)*, *73*(13), 1473-1492.

Krishna, M.P. e Mohan, M., 2017. Avaliação dos fitoconstituintes das folhas de *Syzygium arnottianum*. *Int. J. Pharmacogn. Phytochem. Res.*, *9*(10), 1380-1385.

Kumar, A., Tirkey, J.V. e Shukla, S.K., 2021. Análise energética e económica comparativa de diferentes plantas de óleo vegetal para a produção de biodiesel na Índia. *Renewable Energy*, *169*, 266-282.

Kumar, D. e Singh, B., 2018. Extrato de caule *de Tinospora cordifolia* como aditivo antioxidante para aumentar a estabilidade do biodiesel de Karanja. *Indust. Crops and Prod.*, *123*, 10-16.

Kumar, S., Periyasamy, P. e Jeevanandham, P., 2011. Estudos de relaxação dieléctrica de misturas líquidas binárias de alguns glicóis com 1, 4-dioxano. *Int. J. Chem. Tech. Res.*, *3*, 369-75.

Leon, M. e Johanna, M., 2018. A sinopse de eventos biológicos e farmacológicos em saponinas. *Int. J. Latest Eng. Sci.*, *1*, 1- 5.

Li, K., Ji, S., Song, W., Kuang, Y., Lin, Y., Tang, S., Cui, Z., Qiao, X., Yu, S. e Ye, M., 2017. Glycybridins A-K, compostos fenólicos bioativos de *Glycyrrhiza glabra*. *J. Nat. Prod.*, *80*(2), 334-346.

Liehr, M., Schmid, P.E., LeGoues, F.K. e Ho, P.S., 1985. Correlação entre a altura da barreira de Schottky e a microestrutura do siliceto de Ni epitaxial em Si (111). *Physical Rev. Lett.*, *54*(19), p.2139.

Lim, T.K., 2016. *Glycyrrhiza glabra*. Em *Edible Med. e Non-med. Pl.*, Springer, Dordrecht, 354-457.

Litvinenko, V.I., 1966. Glyphoside, um novo glicosídeo flavonoide obtido de *Glycyrrhiza glabra*. *Rast Resur*, *2*, 531-536.

Liu, C.H. e Huang, H.Y., 2012. Atividade antimicrobiana de microemulsões de ácido mirístico carregadas de curcumina contra *Staphylococcus epidermidis*. *Chem. and Pharma. Bull*, *60*(9),

1118-1124.

Liwo, A., Baranowski, M., Czaplewski, C., Gołaś, E., He, Y., Jagieła, D., Krupa, P., Maciejczyk, M., Makowski, M., Mozolewska,

M.A. e Niadzvedtski, A., 2014. Um modelo unificado de granulação grossa de macromoléculas biológicas baseado em interações multipolo-multipolo de campo médio. *J. Mol. Modeling*, *20*(8), 1-15.

Loomis, W.E. e Shull, C.A., 1973. Methods in plant physiology. McGraw Hill Book Co. Nova Iorque, 276.

Lowry, O.H., Rose, H.N., Broug, J., Farr, A.L. e Randall, R.J., 1951. Medição de proteínas com o reagente de folina-fenol. *J. Biol. Chem.*, *193*, 265-275.

Mabberley, D.J., 2005. Belamcanda incluída em Iris, e a nova combinação *I. domestica* (Iridaceae: Irideae). *Navon A. J. Bot. Nomenclat.*, 128-132.

Maddi, R., Kandula, V.L., Vallepu, B., Navuluri, H., Kolluri, H. e Vunnam, D.T., 2018. Análise fitoquímica preliminar e atividade antiviral *in vitro* do extrato etanólico de toda a planta de *Tinospora cordifolia* (Thunb.) Miers contra o vírus da hepatite-A. *Int. J. Sci. Res. in Biol. Sci.*, *Vol*, *5*, 3.

Maeda, K., 2019. Fotocatalisadores híbridos de metal-complexo/semicondutor e fotoeletrodos para redução de CO_2 impulsionada por luz visível. *Adv. Mat.*, *31*(25), 180-205.

Manilal, A., Sabu, K.R., Shewangizaw, M., Aklilu, A., Seid, M., Merdekios, B. e Tsegaye, B., 2020. Atividade antibacteriana *in vitro* de plantas medicinais contra *Staphylococcus aureus* resistente à meticilina formador de biofilme: eficácia dos extractos *de Moringa stenopetala* e *Rosmarinus officinalis*. *Heliyon*, *6*(1), e03303.

Mathesius, U., 2018. Funções dos flavonóides nas plantas e suas interações com outros organismos.

Mathew, S. e Kuttan, G., 1997. Atividade antioxidante da *Tinospora cordifolia* e sua utilidade na melhoria da toxicidade induzida pela ciclofosfamida. *J. Exp. and Clinical Cancer Res., CR*, *16*(4), 407-411.

Matsumoto, Y., Matsuura, T., Aoyagi, H., Matsuda, M., Hmwe, S.S., Date, T., Watanabe, N., Watashi, K., Suzuki, R., Ichinose, S. e Wake, K., 2013. Atividade antiviral da glicirrizina contra o vírus da hepatite C *in vitro*. *PloS one*, *8*(7), 68992.

Maurya, D.K., 2020. Avaliação dos fitoquímicos activos de Yashtimadhu (*Glycyrrhiza glabra*) contra o novo coronavírus (SARS-CoV- 2).

McCready, R.M., Guggoiz, J., Silviera, V. e Owens, H.S., 1950. Determinação de amido e amilase em vegetais. *Anal. Chem.*, *22*, 1156-1158.

McGaw, L.J., Famuyide, I.M., Khunoana, E.T. e Aremu, A.O., 2020. Medicina botânica etnoveterinária na África do Sul: Uma revisão da pesquisa da última década (2009 a 2019). *J. Ethnopharmacol*, *257*, 112864.

Mehrotra, S., Khwaja, O., Kukreja, A.K. e Rahman, L., 2012. Avaliação baseada em ISSR e RAPD da estabilidade genética de micro rebentos encapsulados de *Glycyrrhiza glabra* após 6 meses de armazenamento. *Mol. Biotechnol*, *52*(3), 262-268.

Melini, V., Melini, F. e Acquistucci, R., 2020. Compostos fenólicos e sua bioacessibilidade em massas funcionais. *Antioxidants*, *9*(4), 343.

Mensah-Agyei, G.O., Ayeni, K.I. e Ezeamagu, C.O., 2020. Análise GC-MS de compostos bioactivos e avaliação da atividade antimicrobiana dos extractos de *Daedalea elegans*: um cogumelo nigeriano. *African J. Microbiol. Res.*, *14*(6), 204-210.

Meshram, A., Bhagyawant, S.S., Gautam, S. e Shrivastava, N., 2013. Papel potencial da *Tinospora cordifolia* em produtos farmacêuticos. *World J. Pharma. and Pharmaceut. Sci.*, *2*(6), 4615-25.

Messier, C. e Grenier, D., 2011. Efeito dos compostos de alcaçuz licochalcone A, glabridina e ácido glicirrízico no crescimento e nas propriedades de virulência de *Candida albicans*. *Mycoses*, *54*(6), e801- e806.

Mishra, A., Kumar, S. e Pandey, A.K., 2013. Validação científica da eficácia medicinal da *Tinospora cordifolia*. *The Scientific World J.*, *2013*.

Mishra, P., Jamdar, P., Desai, S., Patel, D. e Meshram, D., 2014. Análise fitoquímica e avaliação da atividade antibacteriana *in vitro* de *Tinospora cordifolia*. *Int. J. Curr. Microbiol. and Appl. Sci.*, *3*(3), 224-234.

Mittal, J., Sharma, M.M. e Batra, A., 2014. *Tinospora cordifolia*: uma planta medicinal multiuso - A. *J. Med. Pl.*, *2*(2).

Modi, B., Kumari Shah, K., Shrestha, J., Shrestha, P., Basnet, A., Tiwari, I. e Prasad Aryal, S., 2020. Morfologia, atividade biológica, composição química e valor medicinal de *Tinospora Cordifolia* (willd.) Miers. *Adv. J. Chem.-Sec. B*, 36- 54.

Moody, J.O., Robert, V.A., Connolly, J.D. e Houghton, P.J., 2006. Actividades anti-inflamatórias dos extractos de metanol e de um constituinte furanoditerpeno isolado de *Sphenocentrum jollyanum* Pierre (Menispermaceae). *J. Ethnopharmacol*, *104*(1- 2), 87-91.

Motsei, M.L., Lindsey, K.V., Van Staden, J. e Jäger, A.K., 2003. Triagem de plantas sul-africanas tradicionalmente usadas para atividade antifúngica contra *Candida albicans*. *J. Ethnopharmacol*, *86*(2-3), 235-241.

Mou, Y., Meng, J., Fu, X., Wang, X., Tian, J., Wang, M., Peng, Y. e Zhou, L., 2013. Actividades antimicrobianas e antioxidantes e efeito da adição de 1-hexadeceno na palmarumicina C_2 e C_3 rendimentos em cultura líquida do fungo endofítico *Berkleasmium* sp. Dzf12. *Molecules*, *18*(12), 15587-15599.

Mukhopadhyay, M. e Panja, P., 2008. Um novo processo de extração de edulcorante natural de raízes de alcaçuz (*Glycyrrhiza glabra*). *Separation and Purification Technol*, *63*(3), 539- 545.

Muller, B., Aparin, P.G., Stoclet, J.C. e Kleschyov, A.L., 2014. O ácido glicirretínico reverte a hipocontratilidade induzida por lipopolissacarídeos à noradrenalina na aorta de ratos: implicações para o choque sético. *J. Pharmacol. Sci.*, *125*(4), 422-425.

Murashige, T. e Skoog, F., 1962. A revised medium for rapid growth *and* bioassays with tobacco callus. *Plant Physiol*, *15*, 473-497.

Nagamune, T., 2017. Engenharia biomolecular para a nanobio/bionanotecnologia. *Nano Convergência*, *4*(1), 1-56.

Naik, G.H., Priyadarsini, K.I., Satav, J.G., Banavalikar, M.M., Sohoni, D.P., Biyani, M.K. e Mohan, H., 2003. Comparative antioxidant activity of individual herbal components used in Ayurvedic medicine. *Phytochem*, *63*(1), 97-104.

Nandagopal, S., Kumar, A.G., Dhanalaksmi, D.P. e Prakash, P., 2014. Bioprospecção das atividades antibacterianas e anticâncer de nanopartículas de prata sintetizadas usando extrato de semente de *Terminalia chebula*. *Int. J. Pharm. Pharm. Sci.*, *6*, 36837.

Nath, A., Atkins, W.M. e Sligar, S.G., 2007. Aplicações de nanodiscos de bicamada de fosfolípidos no estudo de membranas e

proteínas de membrana. *Biochem*, *46*(8), 2059-2069.

Nayampalli, S.S., Ainapure, S.S., Samant, B.D., Kudtarkar, R.G., Desai, N.K., Gupta, K.C., 1988. A comparative study of diuretic effects of *Tinospora cordifolia* and hydrochloro-thiazide in rats and a preliminary phase I study in human volunteers. *J. Postgrad. Med.*, *34*, 233- 36.

Nazari, S., Rameshrad, M. e Hosseinzadeh, H., 2017. Efeitos toxicológicos de *Glycyrrhiza glabra* (alcaçuz): uma revisão. *Phytotherapy Res.*, *31*(11), 1635-1650.

Ngxande-Koza, S.W., 2016. Composição química dos óleos essenciais das folhas de variedades de *Lantana camara* na África do Sul e seu efeito na preferência comportamental de *Falconia intermedia*.

Nimbalkar, V.V., Kadu, U.E., Shelke, R.P., Shendge, S.A., Tupe, P.N. e Gaikwad, P.M., 2018. Avaliação da atividade imunomoduladora da diosgenina em ratos. *Int. J. Clinical and Biomed. Res.*, 70-75.

Nipanikar, S., Chitlange, S. e Nagore, D., 2017. Avaliação da atividade anti-inflamatória e antimicrobiana da cápsula AHPL/AYCAP/0413. *Pharmacog. Res.*, *9*(3), 273.

Nomura, T. e Fukai, T., 1998. Constituintes fenólicos do alcaçuz (espécies de Glycyrrhiza). *Fortschritte der Chemie organischer Naturstoffe/Progress in the Chem. Organic Nat. Prod.*, 1-140.

Obolentseva, G.V., Litvinenko, V.I., Ammosov, A.S., Popova, T.P. e Sampiev, A.M., 1999. Propriedades farmacológicas e terapêuticas das preparações de alcaçuz (uma revisão). *Pharma. Chem. J.*, *33*(8), 427-434.

Ortiz, R.D.C., Wang, W., Jacques, F.M. e Chen, Z., 2016. Filogenia e uma classificação tribal revista de Menispermaceae (família das sementes da lua) com base em dados moleculares e morfológicos. *Taxon*, *65*(6), 1288-1312.

Osborne, D.J., 1962. Effect of kinetin on protein and nucleic acid metabolism in Xanthium leaves during senescence. *Plant Pathol*, *37*, 595-602.

Osuntokun, O.T. e Cristina, G.M., 2019. Isolamento bio-guiado, purificação química, identificação, eficácia antimicrobiana e sinérgica de óleos essenciais extraídos do extrato da casca do caule de *Spondias mombin* (Linn). *Int. J. Mol. Biol. Acesso livre*, *4*(4), 135-143.

Othman, A.R., Abdullah, N., Ahmad, S., Ismail, I.S. e Zakaria, M.P., 2015. Elucidação de compostos bioativos anti-inflamatórios *in vitro* isolados da raiz da planta *Jatropha curcas* L.. *BMC Complement. and Alternative Med.*, *15*(1), 11.

Pagare, S., Bhatia, M., Tripathi, N., Pagare, S. e Bansal, Y.K., 2015. Metabolitos secundários de plantas e seu papel: Overview. *Curr. Trends in Biotechnol. and Pharmacy*, *9*(3), 293-304.

Palakkal, L., Hukuman, N.Z. e Mullappally, J., 2017. Atividades antioxidantes e composição química de vários extratos brutos de *Lepidagathis keralensis*. *J. Appl. Pharma. Sci.*, *7*(06), 182-189.

Palmieri, A., Scapoli, L., Iapichino, A., Mercolini, L., Mandrone, M., Poli, F., Giannì, A.B., Baserga, C. e Martinelli, M., 2019.

A berberina e a *Tinospora cordifolia* exercem um potencial efeito anticancerígeno nas células cancerígenas do cólon, actuando em vias específicas. *Int. J. Immunopath. and Pharmacol.*, *33*, 2058738419855567.

Pan, X., Yang, M.Q., Fu, X., Zhang, N. e Xu, Y.J., 2013. TiO defeituoso$_2$ com vagas de oxigénio: síntese, propriedades e aplicações fotocatalíticas. *Nanoscale*, *5*(9), 3601-3614.

Panchawat, S. e Sisodia, S.S., 2010. Atividade antioxidante *in vitro* de *Saraca asoca* Roxb. De Wilde, a partir de vários processos de extração. *Asian J. Pharm. Clin. Res*, *3*(3), 441-447.

Pandey, M.U.K.E.S.H.W.A.R., Chikara, S.K., Vyas, M.K., Sharma, R., Thakur, G.S. e Bisen, P.S., 2012. *Tinospora cordifolia*: Um arbusto trepador na gestão dos cuidados de saúde. *Int. J. Pharm. Bio. Sci.*, *3*(4), 612-628.

Panigrahi, D., 2021. Análise de docking molecular dos fitoquímicos da *Tinospora cordifolia* como potencial inibidor contra a SARS-CoV-2 e a tempestade de citocinas. *J. Comput. Biophys. and Chem.*

Pari, L., Monisha, P. e Jalaludeen, A.M., 2012. Papel benéfico da diosgenina no stress oxidativo na aorta de ratos diabéticos induzidos por estreptozotocina. *Euro. J. Pharmacol*, *691*(1-3), 143-150.

Pastorino, G., Cornara, L., Soares, S., Rodrigues, F. e Oliveira, M.B.P., 2018. Alcaçuz (*Glycyrrhiza glabra*): Uma revisão fitoquímica e farmacológica. *Phytotherapy Res.*, *32*(12), 2323- 2339.

Patel R.M. e Shah R.R., 2007. Propagação clonal *in vitro* de alcaçuz (*Glycyrrhiza glabra* L.) *J. Herbal Med. and Toxicol. 1*(1), 27-29.

Patil, S.M., Patil, M.B. e Sapkale, G.N., 2009. Atividade antimicrobiana de *Glycyrrhiza glabra* Linn. raízes. *Int. J. Chem. Sci.*, *7*(1), 585-591.

Pereira, S.B. e Paz Parente, J., 2002. Atividade antiinflamatória de rotenóides de *Clitoria fairchildiana*. *Phytother. Res.*, *16*(S1), 87-88.

Perez, C., Pauli, M. e Bazerque, P., 1990. Um ensaio antibiótico pelo método de difusão em poços de ágar. *Ata Biologiae et. Medecine Expweimentaalis. 15*, 113-115.

Pillai, S.K. e Siril, E.A., 2019. Produção aprimorada de berberina através da cultura de calos de *Tinospora cordifolia* (Willd.) Miers ex Hook F. e Thoms. *Proc. do Nat. Acad. of Sci., India Sect. B: Biol. Sci.*, 1-9.

Pingale, S.S., 2010. (Estudo de Hepatosupressão por *Tinospora cordifolia*). *Der Pharma Chemica, 2*(3), 83-9.

POSPÍŠIL, T., 2011. *Cyclopropanes-novel methodologies for their preparation and applications* (Doctoral dissertation, Universite Catholique De Louvain).

Pott, D.M., Osorio, S. e Vallarino, J.G., 2019. Do metabolismo central ao especializado: uma visão geral de alguns compostos secundários derivados do metabolismo primário por seu papel em conferir caraterísticas nutricionais e organolépticas aos frutos. *Frontiers in Pl. Sci., 10*, 835.

Pradhan, D., Ojha, V. e Pandey, A.K., 2013. Análise fitoquímica de *Tinospora cordifolia* (Willd.) Miers ex Hook. F. e caule de Thoms de espessura variada. *Int. J. Pharmaceut. Sci. and Res.*, *4*(8), 3051.

Prajapti, S.K., Shrivastava, S., Bihade, U., Gupta, A.K., Naidu, V.G.M., Banerjee, U.C. e Babu, B.N., 2015. Síntese e avaliação biológica de novos derivados de ciclopentano fundidos com Δ2-isoxazolina como potenciais agentes antimicrobianos e anticâncer. *Med. Chem. Comm.*, *6*(5), 839-845.

Prince, P.S.M. e Menon, V.P., 1999. Antioxidant activity of *Tinospora cordifolia* roots in experimental diabetes. *J. Ethnopharmacol*, *65*(3), 277-281.

Pushpangadan, P., Dan, V.M., Ijinu, T.P. e George, V., 2010. Caracterização fitoquímica de plantas medicinais em medicamentos à base de plantas. *Int. E-Publ.*

Pyne, M.E., Narcross, L. e Martin, V.J., 2019. Engenharia do metabolismo secundário das plantas em sistemas microbianos. *Plant Physiol*, *179*(3), 844.

Qurishi, Y., Seshadri, V.D., Poyil, M.M., Franklin, J.B., Apte, D.A., Alsharif, M.H.K., Rajesh, R.P. e Zaki, R.M., 2021. Atividade anticâncer em células HeLa e MCF-7 via morte celular apoptópica por uma molécula de esterol Cholesta-4, 6-dien-3-ol (EK-7), do ascídio marinho Eudistoma kaverium. *J. King Saud Univ. -Sci.*, *33*(4), 101418.

Raghu, A.V., Geetha, S.P., Martin, G., Balachandran, I. e Ravindran, P.N., 2006. Propagação clonal *in vitro* através de nós maduros de *Tinospora cordifolia* (Willd.) Hook. F. e

Thoms.: uma importante planta medicinal ayurvédica. *In vitro Cellular and Develop. Biol.-Plant*, *42*(6), 584-588.

Raina, S.N., 2000. Evidência de uma nova organização do genoma nuclear e mitocondrial entre plantas derivadas de embriogénese somática de alta frequência do alotetraplóide *Coffea arabica* L. (Rubiaceae). *Plant Cell Rep.*, *19*, 1013-1020.

Rajab, M.S., Cantrell, C.L., Franzblau, S.G. e Fischer, N.H., 1998. Atividade antimicobacteriana do (E)-fitol e derivados: um estudo preliminar de estrutura-atividade. *Planta Medica*, *64*(01), 2-4.

Rajashekhar, G., Ramadan, A., Abburi, C., Callaghan, B., Traktuev, D.O., Evans-Molina, C., Maturi, R., Harris, A., Kern, T.S. e March, K.L., 2014. Potencial terapêutico regenerativo de células estromais adiposas na retinopatia diabética em estágio inicial. *PloS one*, *9*(1), e84671.

Rakib, A., Paul, A., Chy, M., Uddin, N., Sami, S.A., Baral, S.K., Majumder, M., Tareq, A.M., Amin, M.N., Shahriar, A. e Uddin, M., 2020. Abordagem Bioquímica e Computacional de Fitocompostos Selecionados de *Tinospora crispa* na Gestão de COVID-19. *Molecules*, *25*(17), 3936.

Rana, V., Thakur, K., Sood, R., Sharma, V. e Sharma, T.R., 2012. Genetic diversity analysis of *Tinospora cordifolia* germplasm collected from northwestern Himalayan region of India (Análise da diversidade genética do germoplasma *de Tinospora cordifolia* recolhido na região noroeste dos Himalaias da Índia). *J. Genetics*, *91*(1), 099-107.

Rastogi, S., Pandey, D.N. e Singh, R.H., 2020. Pandemia de COVID-19: Um plano pragmático para a intervenção da ayurveda. *J. Ayurveda e Medicina Integrativa*.

Rathee, P., Chaudhary, H., Rathee, S. e Rathee, D., 2008. Natural memory boosters. *Pharmacog. Rev.*, *2*(4), 249-256.

Ravanel, P., Tissut, M. e Douce, R., 1984. Efeitos dos rotenóides em mitocôndrias isoladas de plantas. *Pl. Physiol*, *75*(2), 414-420.

Reddy, M.K., Rao, A.S. e Rao, M.V., 2003. Multiplicação *in vitro* de *Tinospora cordifolia* Miers, uma planta medicinal ayurvédica, através de embriogénese somática, resumo. In *3rd Congresso Mundial de Plantas Medicinais e Aromáticas para o Bem-Estar Humano Chiang Mai, Tailândia*, 267.

Reddy, N.A., Kamala, K., Dayam, R. e Saritha, K.V., 2020. Síntese de um pote mediada por glicerol de derivados de tetrahidroquinolina conjugados com pirazol e avaliação de sua atividade anticâncer. *Europ. Chem. Bull*, *9*(9), 300-305.

Reddy, N.M. e Reddy, R.N., 2015. Constituintes químicos e propriedades medicinais *da Tinospora cordifolia*: uma revisão. *Sch. Acad. J. Pharm.*, *4*(8), 364-369.

Rhetso, T., Shubharani, R., Roopa, M.S. e Sivaram, V., 2020. Constituintes químicos, antioxidante e atividade antimicrobiana de Allium chinense G. Don. *Future J. Pharma. Sci.*, *6*(1), 1-9.

Rosbakh, S. e Poschlod, P., 2015. Temperatura inicial de germinação de sementes relacionada com a ocorrência de espécies ao longo de um gradiente de temperatura. *Functional Ecol.*, *29*(1), 5-14.

Rossum, T.V. e Man, R.D., 1998. Glycyrrhizin as a potential treatment for chronic hepatitis C. *Alimentary Pharmacol. and Therap.*, *12*(3), 199-205.

Saeedi-Boroujeni, A., Mahmoudian-Sani, M.R., Bahadoram, M. e Alghasi, A., 2021. COVID-19: Um caso para inibir o inflamassoma NLRP3, supressão da inflamação com curcumina. *Basic and Clinical Pharmacol and Toxicol*, *128*(1), 37-45.

Sagar, V. e Kumar, A.H., 2020. Eficácia de compostos naturais de *Tinospora cordifolia* contra a protease SARS-CoV-2, glicoproteína de superfície e RNA polimerase. *Virologia*, 1-10.

Saha, S. e Ghosh, S., 2012. *Tinospora cordifolia*: Uma planta, muitos papéis. *Ciência Antiga da Vida*, *31*(4), 151.

Salem, M.Z.M., El-Hefny, M., Ali, H.M., Elansary, H.O., Nasser, R.A., El-Settawy, A.A.A., El Shanhorey, N., Ashmawy, N.A. e Salem, A.Z.M., 2018. Atividade antibacteriana de moléculas bioativas extraídas de frutos amadurecidos de *Schinus terebinthifolius* contra algumas bactérias patogênicas. *Patogénese Microbiana*, *120*, 119-127.

Sampath, J., Alamdari, S. e Pfaendtner, J., 2020. Colmatando a lacuna entre modelação e experiências na auto-montagem de biomoléculas em interfaces e em solução. *Chem. of Mat.*, *32*(19), 8043-8059.

Sanchez, G.L., Madina, J.C. e Soto, R.R., 1972. Determinação espectrofotométrica da diosgenina em *composto de Dioscorea* após TLC. *Analyst*, *97*, 973.

Sangeetha, M.K., Mal, N.S., Atmaja, K., Sali, V.K. e Vasanthi, H.R., 2013. PPAR "s e Diosgenin uma visão química e biológica em NIDDM. *Chemico-Biol. Interações*, *206*(2), 403-410.

Sankhala, L.N., Saini, R.K. e Saini, B.S., 2012. Uma revisão sobre as propriedades químicas e biológicas da *Tinospora cordifolia. Int. J. Med. e Aromat. Pl.*, *2*(2), 340-344.

Sasaki, H., Takei, M., Kobayashi, M., Pollard, R.B. e Suzuki, F., 2002. Effect of glycyrrhizin, an active component of licorice roots, on HIV replication in cultures of peripheral blood mononuclear cells from HIV-seropositive patients. *Pathobiology*, *70*(4), 229-236.

Sato, J., Goto, K., Nanjo, F., Kawai, S. e Murata, K., 2000. Atividade antifúngica de extractos de plantas contra *Arthrinium sacchari* e *Chaetomium funicola. J. Bioscience and Bioengineering*, *90*(4), 442-446.

Sayre, L.M., Zelasko, D.A., Harris, P.L., Perry, G., Salomon, R.G. e Smith, M.A., 1997. 4-Hydroxynonenal-derived advanced lipid peroxidation end products are increased in Alzheimer's disease. *J. Neurochem*, *68*(5), 2092-2097.

Schmidt, M., Polednik, C., Roller, J. e Hagen, R., 2013. Citotoxicidade de extractos de ervas utilizados para o tratamento da doença prostática em linhas celulares de carcinoma da cabeça e pescoço e células primárias não malignas da mucosa. *Oncology Rep.*, *29*(2), 628- 636.

Seddek, N.H., Fawzy, M.A., El-Said, W.A. e Ahmed, M.M.R., 2019. Avaliação de atividades antimicrobianas, antioxidantes e citotóxicas e caraterização de substâncias bioativas de algas verde-azuladas de água doce. *Glob. Nest. J.*, *21*, 328-336.

Sedighinia, F. e Afshar, A.S., 2012. Atividade antibacteriana de *Glycyrrhiza glabra* contra agentes patogénicos orais: um estudo *in vitro. Avicenna J. Phytomed*, *2*(3), 118.

Sengupta, S., Mukherjee, A., Goswami, R. e Basu, S., 2009. Atividade hipoglicémica da saponarina antioxidante, caracterizada como inibidor da α-glucosidase presente na *Tinospora cordifolia. J. Enzyme Inhibition and Med. Chem.*, *24*(3), 684- 690.

Sfiligoj S. M., Hribernik, S., Stana Kleinschek, K. e Kreže, T., 2013. Fibras vegetais para aplicações têxteis e técnicas. *Adv. in Agrophy. Res.*, 369-398.

Shaheen, A., Ali, M., Ahmad, N., Hassan Dewir, Y., El-Hendawy, S., Gawad, A.E. e Ahmed, M., 2020. Micropropagação de alcaçuz (*Glycyrrhiza glabra* L.) usando explantes nodais intermediários. *Chilean J. Agricul. Res.*, *80*(3), 326-333.

Shahidi, F. e Ambigaipalan, P., 2015. Fenólicos e polifenólicos em alimentos, bebidas e especiarias: Antioxidant activity and health effects-A review. *J. Funct. Foods*, *18*, 820-897.

Shandiz, S.S.A., Salehzadeh, A., Ahmadzadeh, M. e Khalatbari, K., 2017. Avaliação da atividade de citotoxicidade e expressão do gene NM23 na linha celular de câncer de mama T47D tratada com extrato *de Glycyrrhiza glabra. J. Genetic Resources*, *3*(1), 47-53.

Sharma, A. e Batra, A., 2015. Estimativa bioquímica de metabolitos primários de *Tinospora cordifolia. História*, *15*(50), 56-87.

Sharma, B., Salunke, R., Balomajumder, C., Daniel, S. e Roy, P., 2010. Potencial antidiabético da fração rica em alcalóides de *Capparis decidua* em ratos diabéticos. *J. Ethnopharmacol*, *127*(2), 457-462.

Sharma, P., Tripathi, M.K., Tiwari, G., Tiwari, S. e Baghel, B.S., 2010. Regeneração de alcaçuz (*Glycyrrhiza glabra* L.) a partir de segmentos nodais cultivados. *Indian J. Pl. Physiol.*, *15*(1), 1-9.

Sharma, U., Bala, M., Kumar, P., Rampal, G., Kumar, N., Singh, B. e Arora, S., 2010. Extrato antimutagénico de *Tinospora cordifolia* e sua composição química. *J. Med. Pl. Res.*, *4*(23), 2488-2494.

Sharma, V., Katiyar, A. e Agrawal, R.C., 2018. *Glycyrrhiza glabra*: química e atividade farmacológica. *Sweeteners*, 87-93.

Sharma, V.A.R.S.H.A. e Agrawal, R.C., 2013. *Glycyrrhiza* glabra- uma planta para o futuro. *Mintage J. Pharm. Med. Sci.*, *2*(3), 15-20.

Sharmla, D., Sivakumaran, G., Kamalishwari, S., Prabhu, K., Rao, M.R.K., Parijatham, S., Dinakar, S. e Sundaram, R.L., 2020. A análise de cromatografia gasosa-espetrometria de massa de um medicamento ayurvédico, dasanakanti churnam. *Drug Invent. Today*, *14*(5), 353-360.

Shirazi, Z., Piri, K., Asl, A.M. e Hasanloo, T., 2012. Produção de glicirrizina e isoliquiritigenina por cultura de raízes peludas de *Glycyrrhiza glabra. J. Med. Pl. Res.*, *6*(31), 4640-4646.

Shoaib, M., Ismiyev, A., Ganbarov, K., Israyilova, A. e Umar, S., 2020. Atividade antimicrobiana de novos derivados monocíclicos e espirocíclicos de ciclohexano substituídos funcionalmente. *Pak. J. Zool, 52*(1), 413.

Shree, P., Mishra, P., Selvaraj, C., Singh, S.K., Chaube, R., Garg, N. e Tripathi, Y.B., 2020. Targeting COVID-19 (SARS-CoV-2) main protease through active phytochemicals of ayurvedic medicinal *plants-Withania somnifera* (Ashwagandha), *Tinospora cordifolia* (Giloy) and *Ocimum sanctum* (Tulsi)-a molecular docking study. *J. Biomol. Struct. and Dynamics*, 1-14.

Simmler, C., Pauli, G.F. e Chen, S.N., 2013. Fitoquímica e propriedades biológicas da glabridina. *Fitoterapia*, *90*, 160-184.

Singh, A., Sah, S.K., Pradhan, A., Rajbahak, S. e Maharajan, N. 2009. Estudo *in vitro* de *Tinospora cordifolia* (Willd.) Miers (Menispermaceae). *Botanica Orientalis: J. Pl. Sci.*, *6,*103-105.

Singh, G. e Saxena, R.K., 2017. Propriedades medicinais de *Tinospora cordifolia* (Guduchi). *Int. J. Adv. Res., Ideas and Innovat. in Technol.*, *3*(6), 227-231.

Singh, S., Tanwer, S.B., Khan, M., 2011. Estudo comparativo *in vivo* e *in vitro* dos metabolitos primários de *Commiphora wightii* (Arnott.) Bhandari. *Int J. of App. Biol. and Pharma. Tech.*, *2*, 162-165.

Singh, S.K., Clarke, I.D., Terasaki, M., Bonn, V.E., Hawkins, C., Squire, J. e Dirks, P.B., 2003. Identificação de uma célula estaminal cancerígena em tumores cerebrais humanos. *Cancer Res.*, *63*(18), 5821-5828.

Singla, A. e Singla, M.A.P.P., 2010. Revisão das actividades biológicas de" *Tinospora cordifolia*. *Webmed Central Pharm. Sci.*, *1*, 1-6.

Singla, R., Sharma, S.K., Mohan, A., Makharia, G., Sreenivas, V., Jha, B., Kumar, S., Sarda, P. e Singh, S., 2010. Avaliação dos factores de risco para a hepatotoxicidade induzida pelo tratamento antituberculose. *Indian J. Med. Res.*, *132*, 81-86.

Sinha, A., Namkoong, H., Volpi, R. e Duchi, J., 2017. Certificando alguma robustez distributiva com treinamento adversário baseado em princípios. *arXiv preprint arXiv: 1710.10571*.

Sinha, A., Sharma, H., Singh, B. e Patnaik, A., 2017. Estudos fitoquímicos de extractos de metanol do caule de *Tinospora cordifolia* por GC-MS. *World J. Pharma. Res.*, *6*(4), 1319-1326.

Sinha, K., Mishra, N.P., Singh, J. e Khanuja, S.P.S., 2004. *Tinospora cordifolia* (Guduchi), uma planta de reserva para aplicações terapêuticas: A Review.

Sinha, S.K., Prasad, S.K., Islam, M.A., Gurav, S.S., Patil, R.B., AlFaris, N.A., Aldayel, T.S., AlKehayez, N.M., Wabaidur, S.M. e Shakya, A., 2020. Identificação de compostos bioativos de *Glycyrrhiza glabra* como possível inibidor da glicoproteína de pico SARS-CoV-2 e da proteína não estrutural-15: um estudo farmacoinformático. *J. Biomol. Struct. and Dynamics*, 1-15.

Sinku, R. e Sinha, M.R., 2018. Rastreio fitoquímico preliminar e análise físico-química de *Tinospora cordifolia* Miers. *J. Med. Plants Stud.*, *6*(1), 177-180.

Siracusa, L., Saija, A., Cristani, M., Cimino, F., D'Arrigo, M., Trombetta, D., Rao, F. e Ruberto, G., 2011. Fitocomplexos de folhas de alcaçuz (*Glycyrrhiza glabra* L.) - caraterização química e avaliação da sua atividade antioxidante, anti-genotóxica e anti-inflamatória. *Fitoterapia*, *82*(4), 546-556.

Smithies, B., 2020. A compatibilidade dos ciclotídeos inibidores de tripsina com sistemas de expressão recombinante baseados em plantas.

Sohn, E., 2020. Como a indústria local Rand D molda a investigação académica: Evidence from the agricultural biotechnology revolution. *Organização Científica*, *32*(3), 675-707.

Sonkaria, S. e Khare, V., 2020. Explorando a paisagem entre a descoberta de materiais sintéticos e biossintéticos: considerações importantes através da conetividade dos sistemas, cooperação e convergência orientada para a escala no fabrico biológico. *Biomanufacturing Rev.*, *5*(1), 1-23.

Sorokina, M. e Steinbeck, C., 2020. Revisão das bases de dados de produtos naturais: onde encontrar dados em 2020. *J. Cheminformatics*, *12*(1), 1-51.

Sotannde, O.A. e Oluwadare, A.O., 2014. Conteúdo de fibras e elementos do caule *de Thaumatococcus daniellii* e suas implicações como fonte de fibra não lenhosa. *Int. J. Appl.*, *4*(1), 666-672.

Spandana, U., Ali, S.L., Nirmala, T., Santhi, M. e Babu, S.S. 2013, Uma revisão sobre *Tinospora cordifolia. Int. J. Curr. Pharma. Rev. e Res.*, *4*(2), 61-68.

Srithi, K., Balslev, H., Wangpakapattanawong, P., Srisanga, P. e Trisonthi, C., 2009. Conhecimento sobre plantas medicinais e sua erosão entre os Mien (Yao) no norte da Tailândia. *J. Ethnopharmacol, 123*(2), 335-342.

Srivastava, M.R.I.N.A.L.I.N.I., Purshottam, D.K., Srivastava, A.K. e Misra, P., 2013. Conservação *in vitro* de *Glycyrrhiza glabra* por cultura de crescimento lento. *Int. J. Biotechnol. Res.*, *3*(1), 49-58.

Srivastava, P., Sisodia, V. e Chaturvedi, R., 2011. Efeito das condições de cultura na síntese de triterpenóides em culturas de suspensão de *Lantana camara* L. *Bioproc. and Biosyst. Eng.*, *34*(1), 75-80.

Srivastava, V., Yadav, A. e Sarkar, P., 2020. Estudo de docagem molecular e ADMET de compostos bioativos de *Glycyrrhiza glabra* contra a protease principal de SARS-CoV2. *Mat. Hoje: Actas.*

Stanely M.P. e Menon, V.P., 2001. Ação antioxidante do extrato de raiz de *Tinospora cordifolia* em ratos diabéticos aloxânicos. *Phytotherapy Res.*

: An Int. J. Devoted to Pharmacol. and Toxicol. Eval. of Nat. Prod. Derivatives, *15*(3), 213-

218.

Su, Y., Mennerich, A. e Urban, B., 2012. Remoção acoplada de nutrientes e produção de biomassa com cultura mista de algas: impacto de factores bióticos e abióticos. *Bioresource Technol*, *118*, 469-476.

Subramanian, S.S. e Nagarajan, S., 1969. Flavonóides das sementes de *Crotalaria retusa* e *Crotalaria striata*. *Curr. Sci.*, *38*, 365.

Sujatha, M., Reddy, T.P. e Mahasi, M.J., 2008. Role of biotechnological interventions in the improvement of castor (*Ricinus communis* L.) and *Jatropha curcas* L. *Biotechnol. Adv.*, *26*(5), 424-435.

Sukhdevrao, R.D., 2018. Estudos sobre o controlo químico e biológico da doença da mancha foliar de *Tinospora cordifolia* causada por *Colletotrichum* spp.

Sultana, C.S. e Handique, P.J., 2013. O TDZ aumenta a produção de múltiplos rebentos a partir de explantes nodais de *Tinospora* cordifolia - *uma* espécie de planta medicinal comercialmente importante do NE da Índia. *Res. J. Biotechnol. 8*, 5-12.

Sultana, S., Haque, A., Hamid, K., Urmi, K.F. e Roy, S., 2010. Atividade antimicrobiana, citotóxica e antioxidante do extrato metanólico de *Glycyrrhiza glabra*. *Agric. Biol. J. Am.*, *1*(5), 957-60.

Swamy, M.K., Sinniah, U.R. e Akhtar, M.S., 2015. Actividades farmacológicas *in vitro* e análise GC-MS de diferentes extractos de solventes de folhas *de Lantana camara* recolhidas na região tropical da Malásia. *Complemento baseado em evidências e medicina alternativa,* 1-9.

Syeda, A.M. e Riazunnisa, K., 2020. Dados sobre a análise GC-MS, atividade antioxidante e antimicrobiana *in vitro* dos extractos de folhas de *Catharanthus roseus* e *Moringa oleifera*. *Data in Brief*, *29*, 105258.

Talalay, P. e Talalay, P., 2001. A importância da utilização de princípios científicos no desenvolvimento de agentes medicinais a partir de plantas. *Acad. Med.*, *76*(3), 238-247.

Thakkar, A., Pradhan, K., Jindal, S., Cui, Z., Rockwell, B., Shah, A.P., Packer, S., Sica, R.A., Sparano, J., Goldstein, D.Y. e Verma, A., 2021. Padrões de seroconversão para SARS-CoV-2 IgG em pacientes com doença maligna e associação com terapia anticâncer. *Nat. Cancer*, *2*(4), 392-399.

Thakkar, S.S., Shelat, F. e Thakor, P., 2021. Balas mágicas de uma planta medicinal indiana indígena *Tinospora cordifolia*: Uma abordagem in silico para o antídoto de SARS-CoV-2. *Egyptian J. Petroleum*, *30*(1), 53-66.

Thavamani, B.S., Mathew, M. e Dhanabal, S.P., 2013. Atividade citotóxica *in vitro* de plantas menispermaceae contra a linha celular HeLa. *Ciência Antiga da Vida*, *33*(2), 81.

The wealth of India, A Dictionary of Indian Raw Materials and Industrial Products, First supplement series, publicado por *Nat. Inst. of Sci. Commun. and Information Resources*, CSIR, New Delhi. 2005, Vol. 3, D-1, 195-198.

Thengane, S.R., Kulkarni, D.K. e Krishnamurthy, K.V., 1998. Micropropagação de alcaçuz (*Glycyrrhiza glabra* L.) através de culturas de pontas de rebentos e nodais. *In vitro Cellular and Develop. Biol.-Pl. in vitro*, *34*(4), 331-334.

Tiwari, P., Nayak, P., Prusty, S.K. e Sahu, P.K., 2018. Fitoquímica e farmacologia de *Tinospora cordifolia*: Uma revisão. *Syst. Rev. em Farmácia*, *9*(1), 70-78.

Tominaga, Y., Mae, T., Kitano, M., Sakamoto, Y., Ikematsu, H. e Nakagawa, K., 2006. O óleo de alcaçuz flavonoide tem efeitos na perda de peso corporal através da redução da massa gorda corporal em indivíduos com excesso de peso. *J. Health Sci.*, *52*(6), 672-683.

Tomita, Y., Uomori, A. e Minato, H., 1970. Sapogeninas e esteróis esteroidais em culturas de tecidos de *Dioscorea tokoro*. *Phytochem*, *9*, 111-117.

Tyagi, V.K., Subramaniyan, S., Kazmi, A.A. e Chopra, A.K., 2008. Microbial community in conventional and extended aeration activated sludge plants in India (Comunidade microbiana em fábricas de lamas activadas convencionais e de arejamento prolongado na Índia). *Ecol. Indicators*, *8*(5), 550-554.

Ubaid, J.M., Hussein, H.M. e Hameed, I.H., 2016. Análise de compostos bioativos de *Tribolium castaneum* e avaliação da atividade antibacteriana. *Int. J. Pharma. and Clinical Res.*, *8*(08), 1192-1198.

Une, H.D., Ejaj, M.A. e Tarde, V.A., 2014. Atividade nootrópica de saponinas obtidas do caule de *Tinospora cordifolia* na amnésia induzida por escopolamina. *Int. J. Pharma. Res. Rev.*, *3*(2), 28-35.

Upadhyay, R.K., Tripathi, R. e Ahmad, S., 2011. Atividade antimicrobiana de duas plantas medicinais indianas *Tinospora cordifolia* (Família: Menispermaceae) e *Cassia fistula* (Família: Caesalpinaceae) contra bactérias patogénicas humanas. *J. Pharm. Res.*, *4*(1),167-170.

Van de Sand, L., Bormann, M., Alt, M., Schipper, L., Heilingloh, C.S., Todt, D., Dittmer, U., Elsner, C., Witzke, O. e Krawczyk, A., 2020. A glicirrizina neutraliza eficazmente o SARS-CoV-2 *in vitro*, inibindo a protease principal viral. *BioRxiv*.

Varga, I.S.Z., Matkovics, B., Sasvari, M. e Salgo, L., 1998. Estudo comparativo do estado antioxidante do plasma em casos normais e patológicos. *Curr. Topics. Biophys*, *22*, 219-224.

Varsha, S., Agrawal, R.C. e Sonam, P., 2013. Rastreio fitoquímico e determinação do potencial anti-bacteriano e anti-oxidante dos extractos de raiz de *Glycyrrhiza glabra*. *J. of Env. Res. and Develop.*, *7*(4A), 1552.

Vats, S., 2018. Atividade larvicida e regulação *in vitro* de rotenóides de *Cassia tora* L. *3 Biotech.*, *8*(1), 1-5.

Veeresham, C., 2012. Produtos naturais derivados de plantas como fonte de medicamentos. *J. Adv. Pharma. Technol. and Res.*, *3*(4), 200- 205.

Veloso, A., Kirkconnell, K.S., Magnuson, B., Biewen, B., Paulsen, M.T., Wilson, T.E. e Ljungman, M., 2014. A taxa de alongamento pela RNA polimerase II está associada a caraterísticas específicas do gene e modificações epigenéticas. *Genome Res.*, *24*(6), 896-905.

Verma, K.C., Sapra, S., Bagga, A. e Baigh, M.A., 2014. Ensaio de atividade antioxidante do caule e calcinação *in vitro* de *Tinospora cordifolia* (Miers.). *J Spices Aromatic Crops*, *23*(1), 91-97.

Visavadiya, N.P. e Narasimhacharya, A.V., 2006. Efeitos hipocolesterolémicos e antioxidantes de *Glycyrrhiza glabra* (Linn) em ratos. *Mol. Nutrition and Food Res.*, *50*(11), 1080-1086.

Visavadiya, N.P., Soni, B. e Dalwadi, N., 2009. Avaliação das propriedades antioxidantes e anti-aterogénicas da raiz de *Glycyrrhiza glabra* utilizando modelos *in vitro*. *Int. J. Food Sci. and Nut.*, *60*(sup2), 135-149.

Vivekraj, A., Vijayan, P., Anandgideon, V. e Muthuselvam, D., 2015. Perfil fitoquímico de *Abutilon hirtum* (Lam.) sweet. extratos de folhas usando análise GC-MS. *World J. Pharma. Res.*, *4*(3), 1270-1275.

Wang, C., Wang, Z., Wang, G., Lau, J.Y.N., Zhang, K. e Li, W., 2021. COVID-19 no início de 2021: situação atual e perspectivas. *Signal Trans. e Targ. Therapy*, *6*(1), 1-14.

Wang, W., Ortiz, R.D.C., Jacques, F.M., Chung, S.W., Liu, Y., Xiang,

X.G. e Chen, Z.D., 2017. Novos insights sobre a filogenia de Burasaieae (Menispermaceae) com o reconhecimento de um novo gênero e ênfase na disjunção do sul de Taiwan e da China continental. *Mol. Phylogenet. and Evol.*, *109*, 11-20.

Wang, X., Dong, Y., Wittlin, S., Creek, D., Chollet, J., Charman, S.A., Santo Tomas, J., Scheurer, C., Snyder, C. e Vennerstrom, J.L., 2007. Spiro e dispiro-1, 2-dioxolanes: contribuição da redução de um eletrão ou de dois electrões mediada pelo ferro (II) para a atividade dos peróxidos antimaláricos. *J. Med. Chem.*, *50*(23), 5840-5847.

Wang, Z.Y. e Nixon, D.W., 2001. Licorice and cancer. *Nutrition and Cancer*, *39*(1), 1-11.

Wawrosch, C., Kazianka, C., Küchler, V., Lämmermayer, K., Winter,

M. e Kopp, B., 2009. Multiplicação *in vitro* de *Glycyrrhiza glabra* L. através de embriogénese somática. *Planta Medica*, *75*(09), PJ28.

Wei, L.S. e Wee, W., 2011. Caracterização das propriedades antimicrobianas, antioxidantes, anticancerígenas e composição química do extrato de folhas de *Andrographis paniculata* da Malásia. *Pharmacol- ogyonline, 2,* 996-1002.

Wink, M., 2010. Introdução: bioquímica, fisiologia e funções ecológicas dos metabolitos secundários. *Revisões anuais de plantas, volume 40: Bioquímica do Metabolismo Secundário das Plantas,* 1-19.

Xie, D., He, J., Huang, J., Xie, H., Wang, Y., Kang, Y., Jabbour, F. e Guo, J., 2015. Filogenia molecular da Stephania chinesa (Menispermaceae) e reavaliação das classificações subgenéricas e seccionais. *Aust. Systematic Bot., 28*(4), 246-255.

Yadav, K. e Singh, N., 2012. Factores que influenciam a regeneração *in vitro* de plantas de alcaçuz (*Glycyrrhiza glabra* L.).

Yang, F., Zhang, Y., Tariq, A., Jiang, X., Ahmed, Z., Zhihao, Z., Idrees, M., Azizullah, A., Adnan, M. e Bussmann, R.W., 2020. O alimento como medicamento: Uma possível medida preventiva contra a doença do coronavírus (COVID-19). *Phytotherapy Res., 34*(12), 3124-3136.

Yang, J. e Weinberg, R.A., 2008. Epithelial-mesenchymal transition: at the crossroads of development and tumor metastasis. *Develop. Cell, 14*(6), 818-829.

Yasin, M.F., Ramadan, A., e Alshammari, B.Z., 2019. Avaliação do risco para a saúde associado a compostos orgânicos voláteis numa garagem de estacionamento. *Int. J. Environ. Sci. and Technol., 16*(6), 2549- 2564.

Yu, R., Chen, L. e Xin, X., 2020. Avaliação comparativa das composições químicas, atividade antioxidante e antimicrobiana em dez bagas cultivadas na China. *Flavour and Fragrance J., 35*(2), 197-208.

Zalawadia, R., Gandhi, C., Patel, V. e Balaraman, R., 2009. O efeito protetor da *Tinospora cordifolia* em várias reacções alérgicas mediadas por mastócitos. *Pharmaceut. Biol., 47*(11), 1096- 1106.

Zeng, X.N., Coll, J., Zhang, S.X., Liu, X.Q. e Camps, F., 2002. Modificação do método analítico para rotenóides em plantas. *Se pu= Chinese J. Chromatograp, 20*(2), 144-147.

Zhang, G.L., Wu, H.Y., Liang, Y., Song, J., Gan, W.Q. e Hou, H.M., 2019. Influência de moléculas de sabor de enxofre contendo oxigênio na estabilidade do β-Caroteno sob irradiação UVA. *Moléculas, 24*(2), 318.

Zhang, Y.G., Zhang, H.G., Zhang, G.Y., Fan, J.S., Li, X.H., Liu, Y.H., Li, S.H., Lian, X.M. e Tang, Z., 2008. As saponinas *de Panax notoginseng* atenuam a aterosclerose em ratos, regulando o perfil lipídico do sangue e uma ação anti-inflamatória. *Clinical and Exp. Pharmacol. and Physiol.*, *35*(10), 1238-1244.

Buy your books fast and straightforward online - at one of world's fastest growing online book stores! Environmentally sound due to Print-on-Demand technologies.

Buy your books online at
www.morebooks.shop

Compre os seus livros mais rápido e diretamente na internet, em uma das livrarias on-line com o maior crescimento no mundo! Produção que protege o meio ambiente através das tecnologias de impressão sob demanda.

Compre os seus livros on-line em
www.morebooks.shop

FSC
www.fsc.org
MIX
Papier aus verantwortungsvollen Quellen
Paper from responsible sources
FSC® C105338